にゃんこパワー

科学が教えてくれる猫の癒しの秘密

カリーナ・ヌンシュテッド
ウルリカ・ノールベリ
久山葉子 訳

新潮社

Cat power : Kattens läkande kraft
by Ulrica Norberg & Carina Nunstedt

装画・挿画：松尾ミユキ

にゃんこパワー　科学が教えてくれる猫の癒しの秘密　目次

3章 ゴロゴロのどを鳴らす猫　45

4章　賢い猫　65

5章 神殿の猫 99

6章 猫と家 121

7章 ワイルドキャット 143

8章

ケアキャット

はじめに —— 猫は人生の師

人間は古代から猫を人生の師としてきました。古代エジプトでは神の化身とされ、猫を一緒に埋葬していたことも。魂の旅立ちを助け、残された人々の悲しみを癒したのです。

北欧でも石器時代からすでに信仰や神話の中で存在感を放っていました。ヴァイキングも猫を船に乗せ、ネズミを捕まえさせていたそう。また、世界中の芸術家や作家、政治家にとって創作やインスピレーションの源でした。

猫は好奇心が強く、鋭い感覚をもつ動物。飼い主に自分のニーズを伝え、「ここまではいいけど、これ以上はダメ」とはっきり一線を引きます。絶え間なく変化する今の社会とは真逆のような存在。自分のテンポを守り抜き、心にそって生きる姿勢——それは人間にとっても大事なことではないでしょうか。

猫がそばにいるだけでストレスや不安が軽減されるというのは研究でも示されています。猫独特のゴロゴロのどを鳴らす音は血圧を下げ、心血管疾患のリスクも減らしてくれます。猫自身だけでなく人間にとっても良い効果があるのです。

このように最近では猫に関する研究が増えてきて、この本の中でも世界的に有名な猫研究者にインタビューを敢行しました。

さらには有名無名の猫好きたちの素敵な猫の物語、そして私たち（カリーナとウルリカ）の猫にまつわるエピソードもシェアしたいと思います。2人とも健康やマインドフルネスに関心があり、ジャーナリスト・作家として活動する中で、猫への愛、猫の癒し効果を伝えたいという情熱ももっています。

私たちの可愛い家族も紹介します。ウルリカの猫、バーマン種のボーレとベンガル種のクレア。そしてカリーナの猫であるサイベリアン種のきょうだいミアとマグヌム。私たちは2人とも夫の闘病を支えた時期があり、猫が苦痛を和らげ、心を癒してくれるのを目の当たりにしてきました。人生の良い時にも悪い時にもバランスを保つ猫たち——その強さには感心するばかりです。

そんな私たちを「クレイジーキャットレディ」と揶揄する人もいるでしょう。でも自分たちでは「クレバー（賢い）キャットレディ」だと思っています。猫の癒しやスピリチュアルなパワーを採り入れ、尊厳を守り、人生を楽しみ、過去を振り返り、心を整理し、遊んだり喜びを感じたりする余裕をつくる——そうすれば持続可能な生活リズムを見つけられるはず。

猫が教えてくれるのは、バランスのとれた賢い生活。そこには良い波動が流れています。それが猫の生命力——キャットパワーだから。

ウルリカ&カリーナ

カリーナ

また猫への扉が開いた時

もう20年近く猫を飼っていませんでした。猫アレルギーのある人を伴侶に選んだのだから、他にどうしようもありません。だから心の扉――心地よいゴロゴロという音と安心感につながる扉――を閉ざして生きてきました。

反抗期だった10代には、母が飼っていた白と茶色の雑種ミッセンがいつも私を癒してくれました。当時、新しい父親とはケンカばかり。だって母の話もろくに聞かないし、母が病気で大変だった時期にもサポートしないような男だったから。彼は猫嫌いだったのに、ミッセンはそんなことおかまいなしに、茶色のマンチェスターソファでテレビを観る彼の膝にのっていました。最初は追い払われていたけれど、そのうちに膝にのったままのどを鳴らすように。そんな時、新しい家族にようやく平和らしきものが広がったのです。ミッセンは私の長男ヴィルメルが誕生した数年後に亡くなり、それ以来私の心は空っぽでした。

それでも私には素晴らしい家族がいます。夫アンデシュ、そして2人の息子ヴィルメルとオスカル。ただし夫が猫アレルギーだったので、猫を飼うという話は出ませんでした。夫は猫を2匹飼っている妹の家に遊びに行っただけで目がかゆくなり、くしゃみが出て、30分も滞在できないのですから。

毛のない猫を飼うことも考えたけれど、毛がないとなんとなくちがう気がして……。だから我慢して心の扉を閉めたのです。

ある時、ウルリカが自分のバーマン種のボーレを貸してくれました。アレルギーに優しい猫だから、と。ふわふわの美しい猫に、うちの10代の息子たちまで甘い声を出したほど。どうかうまくいくよう祈ったものの、4、5時間もするとアンデシュの目から涙が流れ出しました。

そして扉はまた閉まったのです。

2018年の夏、アンデシュの癌が発覚し、私たちの日常は完全に中断されました。次の化学療法、次の告知、次の手術、次の通院、救急車の呼び出し——そういったことにエネルギーをすべて費やす日々。それでも私たちは素晴らしいチームでした。愛があれば何でも解決できる——そう思ってがんばったのですが、コロナ禍が始まった春に3度目の再発がわかり、これ以上悪いことは起きようがないという気分でした。

アンデシュは田舎の別荘で隔離生活を始めました。

5月になった頃、夫が予想外のことを言い出しました。「猫を飼いたいと言ったら

◆◆◆

どう思う？」

　私は夫の意図がまったく理解できませんでした。

「かなりアレルギーが起きにくい猫の品種があるって読んだんだ。サイベリアンだよ」

「本気？　検索してみたの？」

「うん、他にすることもないし。猫がいたら楽しいかと思って」

「本当にそう思ってる？　冗談を言っている場合じゃないのよ。アレルギーが出たらどうするの」

「試してみようよ」

　それで私もむさぼるようにサイベリアンについて調べてみると、ずっと憧れていたノルウェージャンフォレストキャットに似ているし、毛もふさふさだし、犬みたいな性格ですって？　うちにぴったりじゃないの。

　なぜ今まで知らなかったの――。

ウルリカ

命の恩「猫」、ナポレオン

高校の時、私はすでに独り暮らしをしていたのですが、ボーイフレンド（仮にXとします）に精神的にも肉体的にも虐待されていました。でも誰にも話す勇気がありませんでした。「もし人に言ったら、後悔することになるぞ」と脅されていたから。

高校3年になるとますます人づき合いを避け、引きこもるようになりました。友達に誘われても断っていたほど。どの友達とならば会っていいかいちいちXに許可をもらわないと、すぐに怒り狂って乱暴になったからです。よく夜中に酔っぱらって電話をしてきて、中に入れるまでアパートの前で大声を出したり、ドアを乱暴に叩いたり。たいていはそれで収まったけれど、警察を呼んだことも何度かあったほどです。しかし冷静になると後悔し、泣いて謝り、プレゼントを贈ってくれ、「もう二度とこんなことはしないから」と誓うのです。

その頃、私が飼っていた猫のナポレオン（愛称ナッペ）は可愛い鼻と魔法のような甘え声で、いつもそばにいてくれました。ゴロゴロというのどを鳴らす音は美しい音楽の調べのよう。私はよくナッペの毛皮に顔をうずめて泣きました。ナッペはそんな私を理解してくれているようでした。

ナッペは愛らしい性格で、顔の真ん中だけほんのり赤味がかった大きなオスでした。あんなに誇らしげに座る猫、ぎゅっと抱きしめさせてくれる猫は他にいません。Xが良いボーイフレンドではないことをはっきりわかっていて、Xが訪ねてくると背を向けて座り、なでられるのを嫌がりました。ある晩、Xがベランダにセーターを忘れて帰ったのですが、朝起きてみるとナッペが庭の花壇にいるのが見えました。なんとセーターをそこまで引っ張っていって、その上におしっこしていたのです。

親友にその話をすると大笑いされました。「やっぱりそろそろ別れないとダメよ」

ナッペと親友のサポートがあって、私は思い切って助けを求めることにしました。それから数日、ナッペは片時も私のそばを離れませんでした。Xを人生から追い出すために、私が支えを必要としているのを感じ取ったのでしょうか。

親友とナッペがそばにいてくれたおかげで、きっぱり別れる力が湧きました。賢くて勇敢な猫が、自分を大切にし、幸せのために闘うことを教えてくれたのです。

必要な時には相手を引っかいてでも離れることの大切さを――。

1章 猫の9つの命

猫には命が9つある。最初の3つで遊び、
次の3つでさまよい、最後の3つでとどまる。
～古い英語の言い伝えより

数字の「9」に宿る秘密

古代エジプトには、太陽神ラー・アトゥムが猫の姿になった伝説があります。ラーには命を複製する力があり、自分を完成させるために8人の神が生み出されました。「9つの命がある」という考え方は、1つの命が複数の姿をもつことを象徴するのです。

中国では9がラッキーナンバーで、猫は清らかさと幸運をもたらす存在。神聖なものは3×3で表現され、数字の9は様々な宗教で「三位一体の中の三位一体」になります。

数秘術では9は限定された存在ではなく、完成を意味します。何よりも完全で、最適で、サイクルになっているもの。あらゆる生命はプロセスであり、エネルギーの変換です。1つのサイクルの終わりは新しいサイクルの始まりなのです。

数字の9は、動物と人間の世界をつなぐとも言われています。猫はパワーを与えてくれるスピリットアニマルで、自分自身そして命を深く理解させてくれます。

多くの文化で、猫には特別な生命力があるとされています。しかし命の数に関してはスペインでは7つ、トルコやアラブの文化では6つだけ。並外れた回復力をもち、機知に富み、人生の苦難にも対処していくという点では同じですが。

猫の9つのスーパーパワー

猫は個性的でわくわくさせてくれる動物です。ここで「9」にちなみ、猫のスーパーパワーを9つ紹介しましょう。

1．高潔さ

猫は謝ったりしません。自分のニーズにしっかり耳を傾け、わが道を進み、自分の興味を優先し、今この瞬間を大切にします。周りに配慮をしつつも、自分にとってちょうどいいリミットを設ける——そんな猫から、私たちも良いバランスを見つけることを学びましょう。

2．強靱さ

強靱な上に狩人のような洞察力があり、サバイバルの天才です。反射神経や知覚を駆使して獲物を捕まえ、危険な動物からは逃れます。

3. 集中力

その瞬間に起きていることにフォーカスし、大事ではないことは手放します。多忙な中でスケジュールを計画し、うまく優先順位をつけるのは難しいもの。猫のようにしっかり1つのことにフォーカスしてみましょう。

4. しなやかさ

猫のしなやかさに憧れない人はいないでしょう。一般的な猫にはしっぽを含めると椎骨が約53個（人間は33個）あるおかげで柔軟です。

特にヨガをする人が猫に親近感を抱くのは当然のことで、多くのスピリチュアルな教えで生命や高次元の意識と近い関係にあるとされます。それは猫が日々しなやかさを鍛えているせいかもしれません。

5. 今を満喫

日向ぼっこをする猫を見ていると穏やかな気持ちになります。そうやって自分自身と仲良くなるのは真のマインドフルネスとも言えます。

猫がのどを鳴らす振動によって、猫も人間も幸福と喜びのホルモン、オキシトシンが増加します。

6．清潔さ

猫はとてもきれい好きで、1日3〜4時間毛づくろいをしています。健康な猫であれば毎日毛づくろいをして、汚れやほこり、寄生虫を取り除きます。ザラザラした舌でしっかり舐めることで皮膚腺が刺激され、毛皮を水や寒さから守り、暑い時には冷却効果もあります。

7．敏感さ

反射神経が良いのは敏感だからというのもあります。神経が発達していて、遠くの音も聞こえるし、かなり高い周波数も感知。ヒゲも感覚器の1つで、周囲の空気の流れを察知します。

8．遊び心

猫が遊んだり探検したりするのは、健康で幸せな証拠です。冒険に出かけるのは生まれ持った性質で、1万年以上そうやって生きてきたのです。

9. 回復

パフォーマンス重視の現代社会では、心身を回復させるための時間の確保が課題になります。常に新しいことが持ち上がり、気を取られてしまうからです。

猫は1日16〜18時間寝ています。人間はそこまで寝なくてもいいですが、6〜7時間寝る以外にも定期的に休憩が必要です。

COLUMN

世界の猫事情

- 世界には3億7千万匹の飼い猫がいて、野良猫も少なくとも同じくらいいると推定される。なお、犬は約4億7千万匹（野良犬は除く、World Atlas 2018）。西洋のほとんどの国で猫がもっとも一般的なペット。
- 日本には、飼い犬が705万3千匹、飼い猫が883万7千匹いる（2022年12月時点、一般社団法人ペットフード協会）。
- スウェーデンには飼い犬が93万4千匹、飼い猫は150万匹近くいて（2021年4月時点、ノーバス社のペット調査）、スウェーデンの家庭の19％が猫を飼っている。
- 世界でもっとも飼い猫の多い国はアメリカ、続いて中国、ロシア。アメリカでは3家庭に１家庭が少なくとも１匹猫を飼っており（多くは2匹）、1億匹近くの飼い猫がいる（Statista）。なお、その数は40年で3倍に増加している。
- EU圏ではドイツに1450万匹の飼い猫がいて、猫リーグの首位をキープ。家庭の約4分の1が猫を飼っている計算になる。フランスには1350万匹以上、イタリアとイギリスには750万匹。
- トルコには410万匹以上の猫がいて、特にイスタンブールは「猫の街」「キャッツタンブール」と呼ばれ、数十万匹の猫が暮らしている。猫は住民に愛され、道端には猫のエサや水の皿が並ぶ。
- スペイン、ポルトガル、アイルランド、南アフリカ、そしてアジアの大部分では犬のほうがペットとして一般的。たとえばインドは典型的な犬好きの国。

2章

幸せを運ぶ猫

私は幸せを運ぶ猫を胸に抱く
猫は幸せの糸を紡ぐ動物
幸せを運ぶ猫、幸せを運ぶ猫
私の未来をもう少し紡いでね
~イエディット・セーデルグランの詩より

猫を飼うと幸せになれる

猫を飼うと幸福感が高まると言われます。オーストラリアの研究によれば、猫を飼うと自信がつき、神経質でなくなり、よく眠れて集中力も高まり、人生の苦難にも立ち向かえるそうです。

猫はポジティブな感情を引き出してくれます。なでたり、のどをゴロゴロ鳴らすのを聞いたりするまでもなく幸せな気分になれますよね。近くにいるだけでネガティブな感情が和らぎ、うつや恐怖心、内向的な性質、不安が軽減されるのです。なお、男性よりも女性のほうが影響が大きいようです。これは2003年に動物行動学者ゲルルフ・リーガー（Gerulf Rieger）がスイス・チューリッヒ大学動物学研究所のデニス・C・ターナー（Dennis C. Turner）と行った大規模な研究で判明し、世界中で反響を呼びました。

人間の気分を良くしてくれる猫の研究

2月の寒い日、私たちはビデオ通話でスイスのチューリッヒとつなぎ、世界でもっとも有名な猫研究者デニス・C・ターナー博士と待望の対面を果たしました。横に伸びた個性的な口ひげ、そして眼鏡の奥で青い目が生き生きと輝いています。

後ろの壁には写真やディプロマが飾られ、研究者としての長いキャリアを物語っています。キャビネットには、長年の間に蒐集したペットに関する研究文献が5000本以上保管されているとのこと。猫について話し始めると、顔が喜びに輝きました。

ターナー博士は30年以上、修士課程の学生や助手も参加した大規模なチームで猫と人間のインタラクション（やりとり）を研究してきました。プライベートでは研究の前から猫を飼っていて、田舎に住んでいた頃はいつも2匹は外飼いの猫がいました。しかし7年前にチューリッヒでも交通量の多い地区の年金生活者用アパートの4階に引っ越し、そのすぐ後に猫のジョイが亡くなってからは、もう猫を飼わないことに決めたそうです。「あの子たちがとても恋しいよ。仕事から帰ってくると、しっぽを振って出迎えてくれるのは最高の瞬間だったね」

ターナー博士の研究の結果はどれも「猫は私たち人間の気分を良くしてくれる」というもの。猫がそばにいるだけでネガティブな感情が軽減されるといいます。

過ごす時間が長いほうが、猫との関係は良くなります。だから毎日遊んだりなでてあげたりしましょう。その子が好きなこと、興味のあることをよく観察すれば、お互いにもっと楽しめるはず。もし家族の中で猫がなつかない人がいたら、その人に2週間エサをあげさせてみましょう。「人間でも時間をかけて丁寧に食事をつくってくれる人に対しては愛情が深まるものでしょう」とターナー博士は言います。

「エサをあげると、猫は相手と関わろうとします。女性がエサをやることが多いので、インタラクションの相手としてまず女性を選ぶのです」

しかし他の研究では、女性や子供だけでなく男性とも関わろうとすることがわかっています。研究では、色々な人に座って本を読んでもらい、猫が誰の元に行くかを観察しました。女性の場合は子供でも、猫に近づく時には同じ高さになるように床にしゃがむ傾向が見られましたが、男性はソファやアームチェアに座ったまま猫の相手をするか、自分の膝へと持ち上げました。

「猫はそれを嫌がる場合もあります。あとは子供――特に男の子は駆け寄ることがありますが、猫はそれが苦手です。アニマルセラピーの講義では必ず、『子供も走って近づいてはいけない、静かに座って本を読みながら待つように』と教えています。そうすれば猫のほうから近づいて来ますよ」

幸運をもたらす世界の猫

猫の魅力は、スピリチュアルな面でも多くの文化に見られます。すでに飼い猫がいた古代エジプトでは、猫は神聖で、幸福と幸運をもたらす存在。家族が死んだら一緒にお墓に入ったのです。

中東や東アジアでも敬意を集める存在でした。イスラム教では特別な地位を与えられ、清い動物として崇められています。猫のそばにいるのは信者の証。預言者ムハンマドにもムエザという名の白黒のアビシニアンがいました。ムハンマドは猫が必ず4本肢で着地するところが気に入っていたそうです。

日本の招き猫は江戸時代に登場したと考えられ、各地に伝説があります。ここで2つ紹介しましょう。

あるお金持ちが急に暴風雨に見舞われ、お寺の木の下に避難したところ、手招きしているように見える猫がいました。その猫を追ってお堂の中に入ると、さっきまで立っていた木を雷が直撃。命を救ってくれた猫に感謝して、男はお寺に寄付をしました。

もう1つの伝説は残酷です。ある芸者がこよなく愛していた飼い猫が着物を噛み始めたので、店の主人は邪悪なものに取り憑かれていると思いこみ、首を切り落としてしまいます。すると飛んでいった猫の頭が、芸者に襲いかかろうとしていた蛇の上に落ちました。芸者は命を救われたものの、最愛の猫を失って嘆き悲しみました。客の1人が彼女を慰めるために猫の像を建てさせたということです。

忙しい人のペットに最適な猫

猫は、働いている人のペットとしても最適です。

今では世界人口の過半数が大都市に暮らしていますが、猫は都会の生活にも適応できます。最近では在宅勤務が増え、人恋しくなってもふわふわの相棒が心強い存在。それに猫は多くを望みません。人間と一緒に過ごし、たくさん眠り、エサを食べ、トイレに行ければいいのです。あまり文句も言わないし、それほどお金もかかりません。

保護施設から引き取られる猫の数も増えていますが、純血種の猫を飼うメリットには、ヘアレスキャットやサイベリアン（カリーナの猫）ならば人間にアレルギーが出

人気の猫種ランキング 9

	スウェーデン		日本
1位	雑種（ミックス）	1位	雑種（ミックス）
2位	ラグドール	2位	スコティッシュフォールド
3位	サイベリアン	3位	マンチカン
4位	メインクーン	4位	アメリカンショートヘア
5位	ノルウェージャンフォレストキャット	5位	ラグドール
6位	バーマン	6位	ブリティッシュショートヘア
7位	ブリティッシュショートヘア	7位	ノルウェージャンフォレストキャット
8位	ベンガル	8位	サイベリアン
9位	デボンレックス	9位	ロシアンブルー

（出典：アグリア動物保険　2021年）

（出典：ベネッセコーポレーション「ねこのきもち WEB MAGAZINE」2023年12月掲載より https://cat.benesse.ne.jp/catlist/）

※ベネッセコーポレーション「ねこのきもち」アプリにペット登録されたユーザーの情報を元にランキング。
※毛の種類の違いを表す一部のアプリ登録猫種については、合算して集計。
※集計期間：2022年4月1日～2023年3月31日

にくいというのがあります。バーマンやラグドールは甘えん坊で、バーミーズやベンガルはアクティブ。ブリーダーや猫保護施設から猫を引き取ると、健康状態のチェックが済んでいて、ワクチンも接種済みです。

猫派と犬派、どちらが幸せ？

よく「あなたは猫派？　犬派？」という話になりますが、２０１７年のフロリダ大学の調査で、明らかなちがいが判明しました。４１８人に大がかりな性格検査を受けてもらったところ、猫派の人は内向的で、独りを楽しむタイプが多かったのです。それにクリエイティブで独立心旺盛。真面目でセンチメンタルなところがありますが、周りの人に影響されにくいそうです。一方で、犬派の人は外向的で社交的、グループで過ごすのが好き。使命感が強く、地に足のついたタイプです。

心理学者のデニス・グアステロ（Denise Guastello）教授は、犬を飼う人は活発で、猫を飼う人はソファで読書をするのが好きだと分析。読書好きにもぴったりのパートナーなのです。

もちろん猫も犬も好きで、両方の特徴を持っている人もいます。ウルリカもハミルトンという名前の茶色いミニチュア・ピンシャーを飼っていて、猫のボーレとクレアとも仲良しです。ハミルトンはウルリカの夫マグヌスの闘病中に飼い始めた犬で、家族全員が塞ぎこんで家に閉じこもっていた時期でしたが、ハミルトンが来たことでもっと外で遊ぶように。おかげで猫のボーレまで活気づき、一緒におもちゃを追いかけるようになりました。そして並んで眠るほどの仲になったのです。

ターナー博士はボン大学の心理学者ラインホルト・バーグラー（Reinhold Bergler）教授と共同で、飼い主がペットをどのように見ているかを調査しました。ペットの特徴を丸で囲んでもらったところ、犬は合理的でコミュニケーション能力があり、わかりやすく、従順で飼い主を守ってくれるという回答が集まりました。一方、猫は非合理的、敏感、セクシー、愛情深い、独立心がある、ナチュラル、優雅、反応が速い、静かで穏やか、清潔、ランニングコストが安いという回答でした。

猫と犬、どちらが自分を幸せにしてくれるでしょうか？　どちらを飼うか悩んでいる場合、まず猫と犬の特徴どちらに魅力を感じるかを考え、それから自分がその動物のニーズを満たせるかどうかを確認するとよい、というのがターナー博士の答えです。

人を猫派か犬派に分ける必要はないのかもしれません。誰だって「うちの子」に夢中なのですから。

猫がコロナ禍でも幸せをくれた

よく晴れた2月のある日、獣医師で動物行動研究者でもあるサラ・プラット（Sara Platto）教授にZoomでインタビューをしました。サラはイタリア人で、武漢に14年間住んでいます。

2020年、世界中の目が中国中部の長江ぞいにある人口1100万人の武漢に集まりました。この街で初めて新型コロナウイルス感染症の症例が報告され、そこから感染が拡大し、世界の大部分がロックダウンするという恐ろしい事態に陥ったのです。

Zoom画面では、薄暗いベッドルームにサラの目が輝いています。その後ろには9歳の赤毛の猫ジンジーの目も。かつては野良猫だったジンジーが、今ではサラと12歳の息子マッテオの日々を輝かせてくれています。イタリアから武漢に引っ越して2、3週間した頃に、武漢の街をさまよっているところを見つけました。5歳のドーウィもやはり捨て猫で、サラのアパートの玄関前に姿を現したのです。中に入れずにはいられませんでした。名前は息子が好きなユーチューバーにちなんでつけました。1～2歳くらいのダッシーは、友人が北京で見つけた野良猫で、重度の呼吸困難に陥っていたため、獣医であるサラに助けを求めたのでした。レントゲン検査で耳の感染症が判明しましたが、ペニシリンを長期間投与してかなり良くなりました。

　中国では長い間、猫はペットとしての価値が犬よりずっと低いものでした。犬は富の象徴で、サラによれば「犬を飼うのはフェラーリに乗るようなもの」。犬のファッションショーも開催されていて、豪華なアクセサリーという位置づけです。

　最近では猫の人気も高まり、ペット統計で犬を追い抜きました。2018年には飼い猫の数が8700万匹と推定され、2022年までに倍になると予想されています。しかしこの人気の高まりには懸念もあります。自分の猫や犬をアクセサリーのように扱う人が多いからです。それもあってサラは飼い主向けに、ペットとの関係を深めるためのコースを開催しています。

　新型コロナのパンデミックで、サラの研究も新たな方向に向かいました。

「武漢のロックダウンは極端に厳しいものでした。本当に大変だったんです……3カ月間家から出てはいけなくて。許されていたのは、オンラインで注文した食料を受け取りに門まで行くことくらい。犬を飼っている人は外で散歩させてもよかったのですが、外に出る勇気がないために、犬を窓から紐で降ろして、下の芝生でおしっこをさせている人もいました。誰も彼もがパニックになっていて、おまけに旧正月を祝ったばかりだったので、親族で集まったあと自分の街に帰れなくなり、小さなアパートに

8人で暮らしていたケースもありました」

　サラはイタリア国籍なのでイタリア大使館から母国に退避するよう勧められましたが、躊躇しました。獣医師としてコロナウイルス全般の知識はもっていたし、あちこちに電話をして同業の仲間に相談した結果、「バスや飛行機に乗るよりも、家にいたほうが安全」という結論に。それに猫の世話をしてくれる人もいないし、猫を置いていくわけにはいきません。息子に相談すると、息子も「猫たちと離れたくない」と言いました。

　こうしてサラとマッテオは武漢に残りました。猫たちは最初、2人が一日中家にいることに驚いていました。それに2人の不安を察知したのでしょう、普段よりもよく鳴いたそうです。ジンジーは神経質になっておしっこを漏らすようになり、自分の部屋から出る時にはおむつをつけていた時期もありました。

　しかし数カ月もすると新しい生活に慣れ、サラはターナー博士と共同で始めた研究に集中するようになりました。猫や犬が飼い主をサポートし、幸福を与えてくれることに。特に孤独な人や隔離されている場合を調べる研究でした。

「猫は人生のちょっとしたことを楽しむ大切さを教えてくれます。ほら、何を見るともなく地平線に目を向けてみて」

猫は幸運を運んでくる、癒しの力がある——サラはそういった研究を次々と紹介してくれ、猫を飼うと子供にとっても非常に良い影響があると言います。

「子供が動物と一緒に成長できるのは素晴らしいこと。最初の猫ジンジーを迎えた時、息子は5歳でしたが、すぐに大親友になりました。家ではいつも一緒」

「子供もペットから、相手に敬意を払い、寛容になることを学びます。それに問題解決能力も養われるし。コンピューターゲームが教えてくれないようなことをね」

精神的な問題や読解能力に困難を抱えた子供の支えになるというスタンフォード大学の研究もありますし、セラピーでも動物の存在に救われることがあります。子供が悩みを猫だけに話すこともよくあるそうです。

11〜15歳の2200人の子供を対象にしたスコットランドの研究では、猫と親密な子供は生活の質も良いことがわかりました。猫と仲良しなほどエネルギッシュになり、今という時間に集中していました。猫を飼っていない子供に比べると、悲しんだり寂しがったりすることも少なく、独りの時間を楽しむことも上手くなるようです。

幸福感を高める「ミャオ効果」

インターネット上に可愛い猫の動画が溢れているのは偶然ではありません。

猫が幸福感を広める現象は「ミャオ効果（Meow Factor）」と呼ばれ、研究でも、ユーチューブで猫の動画を観ると悲しみやイライラ、不安といったネガティブな感情が軽減されることがわかっています。猫動画は楽しいことに集中し、人生に希望や満足を感じさせてくれるため、中毒性もあるようです。

注意を引きたい時、誰かを喜ばせたい時には、まずは可愛い子猫の写真を見せる――世界的に有名な環境活動家グレタ・トゥーンベリさんも、２０２１年のアースデイに向けて動画を投稿した時にそのテクニックを使いました。するとすぐに数百万回もの再生があったのです。

イギリスの調査によると、イギリス人は１日に３８０万枚も猫の写真を投稿しています。一方で、自撮り写真はわずか１４０万枚。世界的に有名なインフルエンサー猫もいて、天気予報を伝えたり、スペイン語を教えたりします。

黒猫は福猫⁉

黒猫が横切るのを見た人には本当に不運が訪れるのでしょうか。しかし歴史上の賢人たちは異論を唱えているはず。古代エジプト人は猫――特に黒猫には邪悪な力を追い払い、周りの人を守ってくれる力があると考えていました。

ところがローマ帝国が崩壊した後、猫の歴史にも急展開が起こります。なぜか突然、魔術と関係があるとされたのです。特に黒猫は超自然的な存在で、不運をもたらすと。アイルランドでは、神様が死者を迎えに来る前に黒猫が魂を盗んでしまうと信じられ、埋葬されるまでは交替で遺体を見守りました。イギリスでは黒猫は魔女が姿を変えたものだとされ、その考えが大西洋を越えてアメリカ大陸にも根づきました。

黒猫に関する民間伝承は色々あります。甲板に黒猫がいると船が沈没すると思っていた海賊もいたし、漁師の妻たちは黒猫が幸運を意味し、船旅を安全にしてくれると思っていました。劇の初日の客席に黒猫がいると（当時は劇場に猫を入れてもよかったのです）、公演は成功するとされていました。１９７０年代のスウェーデンで育った私たちは、黒猫が道を横切ったら必ず「ヴィーヴィーヴィー」と言うように教わりました。おもしろいことに、このおまじないは国によって異なります。

黒猫が不幸を呼ぶという偏見があるのはヨーロッパの一部の国や北米だけです。日本では昔、黒猫は「福猫」として愛されたし、中国の風水では猫は調和をもたらすとされています。猫の夢を見ること自体が良い兆しなのです。

COLUMN

世界一有名なインフルエンサー猫、リルバブ

“2019年12月1日の朝、ごく控えめで善良な魔法が世界から失われました……” リルバブが永遠の眠りについた日、飼い主のマイク・ブリダフスキーさんはツイッターの「リルバブ」アカウントにそう書きこみました。

当時、リルバブのインスタグラムには250万人以上のフォロワーがいて、ファンのために大きなお葬式も予定されていましたが、コロナ禍で延期されました。

リルバブは2011年、まだ幼い頃にインディアナ州の倉庫で発見され、猫保護施設に保護された猫でした。その後マイクさんに引き取られますが、大理石骨病という難病にかかっていました。非常に珍しい遺伝性の病気で、骨粗鬆症とはちがって骨密度は上がり骨が硬くなるのに、簡単に折れてしまうのです。この病気のせいでリルバブは成長もしないし、他の猫のように動いたりジャンプしたりすることもできません。リルバブは大きな緑色の目が印象的で、からだは小さくていつも驚いたような表情をしていました。何かを舐めようとしているみたいに、いつも半開きの口から小さなピンク色の舌をたらしています。しかも肢の指が１本多いのです。

リルバブの日常を写真で投稿し始めた頃、マイクさんは自分の猫が世界的に有名になるとは夢にも思いませんでした。「自然に拡散されたんです。ぼくが写真を投稿すると皆がシェアしてくれ、それが繰り返されただけ」。マイクさんは音楽スタジオを経営していて、訪れる有名アーティストもリルバ

↘
ブと一緒に写真を撮りました。
　有名になったおかげで最善の治療を受けることができましたが、骨の感染症を止めることはできませんでした。2019年に8歳で眠りにつくまでに、リルバブはアルバムをリリースし、書籍を刊行し、トークショーを主催し、数え切れないほどテレビ出演をし、ドキュメンタリー映画『リルバブ＆フレンズ』では主役まで演じました。映画はトロント国際映画祭ではオンライン映画部門のグランプリを受賞したのです。
　リルバブの死後、マイクさんはこう書いています。“きみの寛大さ、限りない愛情、そして世界に魔法と喜びをもたらした驚くべきパワーを決して忘れません”
　2015年には“猫、そして猫を愛するすべての人に喜びを”というコンセプトで、世界最大のポップカルチャー・キャットショー〈キャットコン〉が開催されました。2020、21年はデジタルイベントになり、ネット上で有名な猫やその飼い主が登場しました。
　リルバブはその〈キャットコン〉にも何度か出演しています。2021年にはマイクさんがインタビューを受けました。特別な支援が必要な猫のための追悼基金『リルバブのビッグ基金』についてです。こうやってリルバブの記憶は人々の中で生き続けています。

カリーナ

我が家に愛を振りまいてくれたミア

ふさふさの黒い毛皮のサイベリアン、ミアがわが家にやってきたのは、私たちがまさに彼女を必要としていた時期でした。それ以来、家中に愛を振りまいてくれています。

7月のある暑い日、家族全員で車に乗りこみ、ブリーダーのエヴァの家へ向かいました。到着すると夫アンデシュはすぐにベッドルームの床に座りこみ、子猫たち――ミアやそのきょうだい――と全力で遊び始めました。わざと目をこすったりもしましたが、アレルギーは出ませんでした。

合意書にサインする約束をして帰りましたが、翌日エヴァから懸念した声で電話がありました。「後になってアンデシュがアレルギーを発症したらどうするの？」飼い主を変えるのは子猫にとって辛い経験です。それでも私たちは必死でエヴァを説得しました。「大丈夫、アレルギーは全然出なかった。世界中の何よりもミアがほしい！」突然命をかけても叶えたいと思えたのです。

母猫と離してもよい3カ月を迎え、あと2週間で引き取れるという時、私は自宅のキッチンで倒れました。リビングにいた夫にかろうじて「私、今から気を失うから！」と伝えて。

そして汚れた敷物の上に横たわりました。もっと前にクリーニングに出しておくべきだった――そんなことを考えながら。足が動きません。心臓がものすごい速さで、しかも不均一に打っています。昔から不整脈があったけれど、それまで特に生活に支障はなかったのに。しかしここ半年で心拍数がかなり上がり、3週間前にアブレーションという簡単な心臓手術を受けたところでした。それで安心だと思っていたのに……。

救急に運ばれ、2時間におよぶ検査をして、途切れ途切れの心電図の結果が出ました。予後観察のために心臓科に入院し、なるべく早くまたアブレーションの手術をしてもらえるのを待つことに。非現実的な気分でした。夫が癌だというのに、私のほうが入院しているなんて。家では子供たちが私を必要としているのに。しかし医師に「心臓を落ち着かせるために、もう一度〝焼く〟必要がある」と言われました。

ここ数年のストレスが溜まっていたのでしょう。愛する人が病気になり、闘病を支えるのは家族にとってもっとも辛いこと。それに、健全とは言い難い会社で長く働いてきました。同僚は体調不良で休み、次々と辞めていきます。そこをマネージャーとしてやりくりせねばならず、時には3〜4人分の仕事をこなしました。結局、心も身体もそれ以上がんばれない状態に追いこまれていたのです。

　同じ病室には他に3人心臓病の患者が入院していて、ベッドは薄いカーテンで隔てられているだけ。私は幸い窓際のベッドでしたが、それでも向かいの女性が寝返りを打ち、咳きこむたびにベッドがきしみます。コロナ陰性だとは説明を受けましたが。昼間は30度を超えるスウェーデンとしては暑い夏で、私は窓を開けて、8月の夜の空気を部屋に入れました。全身に貼られた心電図の電極がかゆくてかゆくて。眠りにつく前にはミアのことを考えました。ミアが人生の光のように思えたのです。

　入院3日目の8月9日は結婚記念日でしたが、コロナ規制により病院は訪問が一切禁止されていました。しかし医師はしぶしぶ、「ポータブル心電図につながったままなら、正面玄関を出たところのベンチに15分間だけ行ってもいい」と言ってくれました。

　太陽が焼けつくような病院のベンチでのひとときが、その夏の最高の思い出になりました。私たちはアイスクリームを食べて冷たいオレンジジュースを飲みながら、あと10日もすれば迎えに行ける新しい家族のことを話しました。私たちにたくさん愛情を注いでくれる子猫——研究によれば、心血管疾患のリスクも低下するらしいし。

◆◆

そして8月19日水曜日、ようやくミアを迎えに行くことができました。初めて彼女を抱いた時の感触といったら！　生後12週間で体重が1キロもない小さなミアは、ストックホルムのアパートに帰る車の中でずっとニャーニャー鳴いていました。家に着くとソファの下にもぐりこみ、一晩中出てきません。そして翌日も出てきませんでした。何も食べず、何も飲まずに。床に腹ばいになって携帯電話のライトで照らすと、奥で震えているのが見えました。ソファの下にエサのお皿を入れたりもしましたが、食べてくれません。私は息子たちが幼い頃高熱を出した時のような気分でした。お願い、どうかうまくいって！

エヴァからは「あと数時間以内に水を飲まなかったら、獣医に連れて行って水分補給して」と言われました。もうこれ以上の病院通いはしたくないのに……。うちに慣れる前にミアは死んでしまうの？

その日、夕方近くになって、ミアはやっとエサを食べ始めました。家族全員が集まり、ささやき合いました。「よかった、食べてる……」これでやっと一安心。ミアも同じだったのでしょう。数日後には当たり前のように家族の一員になっていました。そして全員が感謝の気持ちでいっぱいでした。ミアがこれほど幸せを運んできてくれるなんて——。

3章

ゴロゴロのどを鳴らす猫

私は猫に弱い。
とりわけゴロゴロのどを鳴らすやつには。
～マーク・トウェイン

猫の「ゴロゴロ」は本当にすごい！

犬は吠えたり遠吠えをしたりしますが、猫はニャーと鳴き、ゴロゴロのどを鳴らします。猫がのどを鳴らす音は何世紀にもわたって人間を魅了してきたけれど、なぜのどを鳴らすのかには諸説あります。楽しい時、出産時、おっぱいをあげる時、そして怖い時や怒っている時にものどを鳴らすのです。

猫はのどを鳴らす振動で自分を落ち着かせているそうです。研究でも、〝猫の中のエンジン〟こそが猫のスーパーパワーだというのが確認されています。あのゴロゴロという音には想像を超えるような力がありました。

猫科の動物すべてがのどを鳴らすわけではありません。ライオンやトラなど、唸ることができる動物は舌の構造がちがうので、のどを鳴らせないのです。

猫の精神状態によって音の強さが変わるのでしょうか。なぜ決まった人のそばでのどを鳴らすのでしょうか。猫のさまざまなエネルギーを理解することで、人間も自分の感情を解釈できるようになるかもしれません。

一連の研究により、周波数そのものに手がかりがあることがわかりました。猫だけでなく、猫を膝の上にのせていると飼い主まで気分が良くなるのです。

レスリー・A・ライオンズ（Leslie A. Lyons）はミズーリ大学の猫遺伝学の教授で、のどを鳴らすことが猫の生存メカニズムに直接関係していることを突き止めました。さまざまな種類の振動でのどを鳴らすことで、エネルギー消費を調節したり、心身のバランスを整えたりしているのです。それが猫の回復力と抵抗力の源なのです。

ゴロゴロという音の周波数は脳で制御されています。横隔膜と喉頭を組み合わせて振動させ、リズムは呼吸に従います。息を吸う時にも吐く時にも振動が起き、周波数は25～150ヘルツ。ニャーニャー鳴く時のように声帯を揺らさず、閉じ開きするだけです。

最新の研究でも、のどを鳴らす音に治癒の効果があることが確認されています。ケガをしたり体調が悪くなったりすると、猫はゴロゴロとのどを鳴らして自分を回復させます。骨折しても犬よりはるかに早く治るし、とんでもなく高いところから落ちた猫が大ケガをしても生き延びることがよくあります。また、他の哺乳類に比べて筋肉や靱帯を冒す病気が少なく、骨格の病気にかかることもほとんどありません。

賢い動物だと思いませんか？

ライオンズ教授は、猫が進化の過程でエネルギーを節約するようになったと考えています。のどをゴロゴロ鳴らすことで、エネルギーをそれほど使うことなく筋肉や臓器、骨の弾力性を維持できるのです。他の猫学者もその説を支持していて、その周波数が組織を回復させるメカニズムの解明につながると考えています。治癒力の高い周波数というのが存在するのです。

25～50ヘルツの周波数は骨の成長を促し、骨折を治し、痛みを和らげ、炎症を軽減してくれます。25ヘルツはすでに周波数治療としてケガや手術後の組織再生に使われています。

猫があなたに身体をすりつけてきたら、なでたり、背中をかいてあげたりしましょう。すると猫は喜んで、低い周波数（約25ヘルツ）でゴロゴロとのどを鳴らします。これはあなたのことが好きだからだし、本能的に自分自身も癒しているのです。

私たち人間にとっても、膝の上の猫がゴロゴロとのどを鳴らすと良い効果がありす。その振動でストレスホルモンの分泌が減り、心が落ち着くのです。その結果、心臓血管疾患のリスクが減り、血圧や呼吸のバランスも良くなります。特に筋肉痛や骨折のさいにはぜひ猫と一緒にいてください。

生まれたばかりの子猫は目が見えず耳も聞こえませんが、振動を感じることができます。だから母猫は自分がどこにいるのかを知らせるためにゴロゴロとのどを鳴らします。子猫もそれに応じてのどを鳴らし、母乳がよく出るように足で踏みます。このふみふみは一生続き、気持ち良く満足しているという証。だから猫がリズムよくふみふみをしたら、それはあなたのことが大好きだからですし、同時に自分を安心させようとしていることもあります。

猫が幸せなら、人間も幸せです

猫がのどを鳴らす音はまるで歌のよう。人間ならコーラスや詠唱、ボイストレーニングにも同じような治療効果があります。

アメリカの猫行動学者で猫関連のベストセラーを多数執筆しているパム・ジョンソン＝ベネット（Pam Johnson-Bennett）によると、猫がくぅーくぅーという甘えた声を出すのは、人間の笑顔のようなものだそうです。人間はポジティブな感情を笑顔によって伝えますが、居心地が悪い時にも笑顔をつくります。猫も同じで、見知らぬ人に抱き上げられたりすると、身を守るために、そしてナーバスになっているせいでゴロゴロとのどを鳴らすことがあります。嫌がらずになでられているなら良い感情を抱いていますが、身体をそらせて嫌がるようなら放してあげましょう。

猫には縄張り意識があり、普段は開けた場所を好みますが、寝る時には隠れたがります。そんな猫のニーズに合った空間をつくってあげましょう。トイレをきれいにし、プライバシーを尊重し、放っておいてほしい時にはそれ以上かまわないように。じっとしていれば猫のほうから近づいてきて、膝にのってくる可能性が高いでしょう。

猫はそれぞれに性格がちがいます。新しい人と知り合うのと同じで、新しい猫とも知り合うたびにわくわくしますよね。コミュニケーションの方法はニャーニャー、ゴロゴロ、フーッとうなったり……と似ていますが、自分の能力を色々な形で使うことができます。

２０１４年の夏、スウェーデン農業大学にキャットセンターが設立されました。その理由は、猫の行動に関する知識が不足しているから。猫がもっとも一般的なペットなのに、です。設立に携わった動物行動学者のイエリン・ヒシュ（Elin Hirsch）博士に話を伺いました。

「猫は群れで暮らさない種なので、犬のようなコミュニケーション方法をもちません。人間が猫の気持ちを理解し、住みやすい環境を整えてあげることが大切です」

猫が幸せなら、人間も幸せになれます。ヒシュ博士は、「猫のニーズを正しく理解することで、問題行動も減る」と言います。自然な欲求にそった行動ができないと、ストレスで病気になることも。あるいは問題行動を起こして、最悪の場合飼えなくなったり捨てられたりしてしまう場合もあります。

「猫のストレスを減らすには、おもちゃを用意し、登れる場所や、休む時に隠れられるような狭いスペースなど、猫にとって暮らしやすい環境をつくるのが大切。複雑な移動ルートもつくってあげ、刺激的な要素とリラックスできる要素を両方備えた立体的な空間を与えてあげましょう。ルーチンを好みますから、食事やお世話はある程度時間が決まっているほうが喜びます」

猫は私たち人間とはちがった世界を感じています。それは猫の五感が人間とは異なる形で相互作用をするから。たとえば別の次元の音や匂いも感知しています。常に今この瞬間を満喫しているように見えるのは、私たちとは時間の認識がちがうからだそうです。

ヒシュ博士ももちろんプライベートでも猫が大好きです。

「猫がいないと人生が虚しいですよね。猫を飼っていると自分の感情が開花するような感じ」

幼い頃は家でルーセンという猫を飼っていたそうです。大好きなルーセンがどんなふうに世界を感じ、日常を営んでいるかを観察していました。猫への関心がキャリアにつながり、現在では動物行動学の博士号をもっています。今飼っている猫のプッセルとルイも、日々研究のインスピレーションになっています。

猫の優れた感覚ツール

猫の鋭い直感や反射神経は優れた感覚器のおかげ。鋭いだけでなく、絶妙に連携しているのです。

【鋭い嗅覚】

口の中に「鋤鼻器（じょびき）」「ヤコブソン器官」と呼ばれる器官があり、匂いをそこで「味わって」いるような感じ。「フレーメン反応」といって、口を開けたままフェロモンなどの匂いを嗅ぎ分けます。また、敵や友達、人間や物を識別するのにも鼻を使います。

フレーメン反応

【魔法のひげ】

猫のひげは他の毛よりも太く、根が深く、重要な感覚を伝えます。この敏感なひげのおかげで、空気の流れが変化しただけで触れなくても周囲の動きを感知。獲物を探す時には、鼻から横に伸びた長く硬いひげを動かします。また、狭い場所を測るのにも便利です。

前肢の裏にあるひげのような毛は獲物を触る時に役立ち、目の上の毛のおかげで何かが近づくと反射的にまばたきをして目を守ることができます。

【俊足】

短距離なら時速45キロまで出る品種もいます。ジャンプする時には後ろ肢で身体を支えます。猫が走り出す寸前にお尻を小刻みに動かす姿はコミカルですが、ジャンプしたり一気にスタートを切ったりするためにタイミングを計っているのです。

【バランスをとるしっぽ】

しっぽを見れば猫の気分がわかると言われています。ぴんと上に上がっていたら、あなたと交流したいと思っていて、しっぽを振っているなら遊びや狩りをしたくて興奮している時。しっぽを激しく打っている場合は怖がっています。
　木に登ったり、狭いソファの背に座ったりする時にはしっぽでバランスを取ります。また、おもちゃのネズミなどを追いかけて急カーブを切る時にも、転ばないようにバランスを保ってくれます。

【並外れた聴覚】

　壁の中を走り回るネズミは、猫に自分の足音が聞こえているとは夢にも思っていないでしょう。しかし円錐形の耳が人間の5倍の音や動きを拾っています。優れた聴覚は超音波まで知覚するので、周囲の振動が変化すると心配そうになることもあります。

【遠くが良く見える目】

　目の前に食べ物が落ちていても見えていないこともあるくらい、近くを見るのは苦手です。これは近くでじっとしているものに焦点を合わせるのが難しいからで、遠くで動いているものを見分けるほうがはるかに得意。水を飲む時にもわざと水を〝落とし〟て、水面の位置、水の流れの速さ、水の中に危険が潜んでいないかどうかを確かめます。

【硬い舌】

猫に舐められると、粗いサンドペーパーのようにざらざらした舌を感じます。舌の表面にある「乳頭」は後ろ向きになった小さな突起で、人間の爪と同じ硬いケラチンが含まれています。鋭い突起が櫛の役割を果たし、毛皮を舐めながらほぐします。

【柔軟な背骨】

そんな舌があっても、背骨が柔らかくなければ全身をきれいにできません。背骨のおかげでほぼ全身を動かすことができるのです。しっぽを除いても椎骨が30個あり、立ったり横になったり、からだを柔軟に曲げたり伸ばしたりできます。肩甲骨が小さいため可動域が広く、胸が狭くて鎖骨がほぼ退化しているので狭い場所を通り抜けることもできます。

【強い前肢】

肉球の表面はかなり厚くなっていて、大きなパッドのようにブレーキをかけます。先のほうの肉球は着地時に衝撃を吸収してくれます。

直感の鋭い猫

猫はよく、人間のことをあまり気にせず、犬ほどの共感力や忠誠心はないと言われます。しかし飼っていると、猫は直感が鋭く、人の心の状態を察知し、社交的で忠実だと感じます。まるで高次元とつながっていて、人間よりも先に魂のニーズに気づいてくれているようにも。

なぜ猫は相手の心を読むのが得意なのでしょう。

米国ミシガン州のオークランド大学の研究者モリア・ガルバン（Moriah Galvan）とジェニファー・ヴォンク（Jennifer Vonk）もその点を不思議に思い、詳しく調べることにしました。12匹の猫と飼い主を対象に実験をした結果、飼い主が笑った時と眉をひそめた時とでは猫の行動が変わることが判明。飼い主の笑顔を見ると、脚の周りを回ったり、からだをこすりつけたり、膝に座ろうとしたりするなど、より親密な行動を取りました。飼い主が心配そうにしているよりも、笑っているほうがそばで過ごす時間が長かったのです。

実験結果から2つのことがわかりました。猫は人間の表情を読み取ることができる、そしてそれを時間をかけて学習していくことです。犬が人間の表情を読むのが得意なのは昔から知られていますが、どうやら猫も上手なのです。

研究者らも猫に共感力があるとは思っていませんが、おそらく飼い主の笑顔とご褒美を関連づけているのでしょう。

2人の研究ではさらに、飼い主がニーズを満たしてくれた時にも特定のポーズや耳・しっぽの動きで満足感を示していることがわかりました。

幸せホルモン・オキシトシンと猫

動物が近くにいると心が穏やかになり、幸せな気分になります。猫をなでると、いや、そばにいるだけでも心拍数と血圧が下がり、コルチゾールのレベルも下がります。コルチゾールというのは人間の防御システムに「警報」を発し、ストレスのメカニズムを活性化するホルモンです。しかし猫をなでると、オキシトシンという別のホルモンが放出され、コルチゾールのレベルが低下。そのおかげで血液の循環が良くなり、身体が回復し、細胞も再生されるのです。

　オキシトシンは昔から陣痛や母乳の出を刺激するホルモンとして知られてきました。しかし、それ以外にもたくさんの効果があることがわかっています。気分が良くなり、好奇心も湧いて、他の人に話しかけやすくなり、記憶力や学習能力も向上するのです。

「不安も減り、痛みや炎症、ストレスも軽減されるし、治癒のプロセスも刺激され、幸福感も高まりますよ」そう教えてくれたのはスウェーデン農業大学の生理学教授シャシュティン・ウーヴネス゠モーベリ（Kerstin Uvnäs-Moberg）氏です。

　オキシトシンは優しく触れられた時に放出され、健康を維持するのにもとても大事だそうです。オキシトシンなくしては栄養を貯めたり、ケガや病気を治したりといった、質の良い回復は望めません。

「身体の大切な機能がオキシトシンに制御されています。どんな生き物でも誰かのそばにいたり、優しく触れられたりする必要があるのです。ただ、ほとんどの人にとっては当たり前のことなので、機会を失って初めてその大切さに気づくのでしょう」

　ウーヴネス゠モーベリ教授は、他の人間や動物と触れ合うことで得られる「能動的な心の落ち着き」は、母親が子供に母乳を与える時の感覚と似ていると言います。教授の研究により、そのオキシトシンがアドレナリン（恐怖を感じたり試練に直面したりした時に分泌される物質）を抑制することもわかっています。

その点をもっと詳しく知りたくて、世界的に有名なオキシトシンの研究者、レーゲンスブルク大学のインガ・ノイマン（Inga Neumann）教授に話を伺いました。オキシトシンは下垂体後葉から分泌されるペプチドホルモンで、私たちの心の落ち着きを制御するシステムを調整してくれています。ラットに少量のオキシトシンを投与すると、明らかに自分の子供に興味を示して世話をしました。ラットの赤ちゃんたちも態度が落ち着き、母親への愛着が高まったのです。これはオキシトシンがアドレナリンの放出を抑えたからで、オキシトシンを除去すると今度はストレスが増え、自分の殻に閉じこもってしまいます。

研究では、人間も猫も、優しく触れられると健康状態が良くなることがわかりました。猫をなでてやると、なでた人間の血圧も下がりますし、猫の血圧も下がります。猫の目を見つめるだけですぐに血中のオキシトシン濃度が上昇し、猫のほうも上昇します。教授によれば、猫の毛皮をなでることで感情が癒され、自信や自尊心、幸福感が増すそうです。

人間の身体には心を落ち着かせるシステムがあるのですが、実はそこに条件があります。自分がいる環境が穏やかで安全だと思えた時にだけシステムが活性化されるのです。猫が怖い人は、猫をなでても心が落ち着きません。つまりその時の状況や環境、猫の性格などが関係してくるのです。だから子供が初めて猫と触れ合う時には、親が「架け橋」になってあげましょう。猫が子供を怖がるようになってはいけないし、子供には猫は生き物で、敬意をもって扱わなくてはいけないことを理解してもらう――つまり猫の都合に合わせて過ごすのです。

ノイマン教授によれば、一緒にいて安心できる人や大切な家族の匂いを嗅ぐだけで、オキシトシンが血中に放出されるそうです。自分の群れや家族を守るために、こんなふうに進化したのです。猫が膝の上で甘えてきたら、飼い主との強い絆が生まれます。オキシトシンによってお互いの感情が織りこまれるからです。

教授の家で飼っているオス猫のシルは、息子さんにいちばんなついているそうです。「息子は家を出て大学で勉強しているのですが、電話をかけてくるたびに、まずはシルの様子を尋ねるんです。私のことは訊いてくれないのに」と教授は笑います。

息子さんの気持ちもよくわかります。私たちも旅行先から家に電話をかけて、猫（あるいは犬）が元気にしているか、今日は何をしたのか、どんな楽しいエピソードがあったのか知りたがりますよね。

COLUMN

猫のゴロゴロによる5つの効果

1. ストレス軽減
コルチゾールの放出が抑制され、オキシトシンが増える。それにより血圧と心拍数が下がり、リラックスしやすくなる。

2. 心臓が元気になる
猫を飼っている人は心疾患系の病気のリスクが40%も低く、心臓発作も少ない。研究ではそれが猫のゴロゴロと関係しているとされる。

3. 治癒が早まる
猫のゴロゴロの周波数が炎症を抑える。医療でもそれと同じ周波数の25～50ヘルツが骨折の治療に使われている。

4. 痛みの緩和
猫のゴロゴロは慢性的な痛みも緩和してくれる。

5. 過呼吸の改善
過呼吸になった場合も猫のゴロゴロに助けられる。猫は息を吸うときにも吐くときにもゴロゴロという音を出し、自律神経を整えるための呼吸法ともリズムが似ているから。

ウルリカ

子供の頃、そばにいてくれたトゥッセ

土曜日の午後、私は裏庭のシラカバの木陰でコックさんになりきって、美味しいディナーをつくっていました。お客さんは動物のぬいぐるみで、切り株に渡した板に並んで座っています。キッチンは余ったレンガを積み重ねて、板を置いたものです。独りで喋ったり、お客さんに声をかけたりしながら、葉っぱや砂、水が入った鍋代わりのバケツやフライパンに見立てたスコップをかき混ぜていきます。

猫のトゥッセはたいてい一緒にいてくれて、私のお気に入りのお客さんでした。日向ぼっこや毛布の上でお昼寝をしていない時は、私の脚にからだをすりつけて、メニューを提案したいみたい。あの日は私と同じ目の高さになるように板の上に跳び乗りました。私の頭の中では激しい口論をする両親の声がまだ響いています。身体が震え、涙が頬を伝い――するとトゥッセが私を見つめ、頬を舐めました。鳴き声がどんどん大きくなったので、私はトゥッセを抱き上げて座りました。毛皮をなでているうちに悲しみがしずまっていきます。トゥッセは「耳の後ろをかいてほしい」と、目を閉じて私の手に頭を押しつけてきます。私の心臓の鼓動も落ち着き、涙も止まりました。

するとトゥッセは私の膝から降りて、自分のしっぽを追いかけ始めたので、私は大笑いしてレストランごっこを再開しました。

トゥッセはゴロゴロのどを鳴らす達人でした。まるでレーダーがついているみたいに、家族の誰かがゴロゴロの振動を必要としている時にはそれがわかったのです。悲しい時や具合の悪い時には必ずやってきて、腕の中に入ったり、隣に横たわったり。そばを離れないのです。

子供の頃、トゥッセは頼りになる存在、安心できる友達でした。必要な時はいつもそばにいてくれたのです。

カリーナ

不安でたまらない夜に握ったミアの前肢

夜中の2時半。ここ1年でもう6回目です。夫アンデシュが玄関で身体を二つ折りにして、襲いかかる腹痛と闘っています。また腸捻転を起こしたのです。救急車がすぐに到着しました。

夫がアパートの玄関から消えると、私はベッドの足元で胎児のように丸まりました。ミアも隣で丸くなっています。私は彼女の柔らかいビロードのような肉球をそっと押し、優しく前肢を握りました。こんなに心拍数が上がったのは久しぶり。ミアが私を見つめてゆっくりとまばたきします。私は柔らかな毛皮に顔を埋め、ゴロゴロいう声を聞いていました。この周波数ほど癒されるものはありません。ゆっくりと不安が薄れていきます。コロナ規制のため、病院に付き添っていくこともできない。でもきっと大丈夫。うまくいくはず。それ以外はありえない――。

4章 賢い猫

私は数多くの哲学者や猫を研究してきたが、
知恵では猫のほうが限りなく優れている。
~イポリット・テーヌ

賢さを証明された猫飼い

猫を何匹も飼っていると、特にそれが女性だと、人間よりも猫が好きな「クレイジーキャットトレディ」だと馬鹿にされ、ちょっと頭がおかしいのではと思われることがあります。でも猫を飼っているからといって変人だというわけではありません。むしろ「クレバー（賢い）キャットトレディ」なのです。

アメリカのＵＣＬＡ（カリフォルニア大学ロサンゼルス校）が５００人以上の飼い主を調査したところ、猫を飼っている人に「頭がおかしい」兆候は見られませんでした。うつ病や不安症の率も何ら変わりません。それどころか、多くの研究で猫が私た

ちの精神状態を良くしてくれることがわかっています。

〈キャットコン〉のデジタルカンファレンスに参加した時にもそう感じました。

『2021年におけるキャットレディ』というセミナーに、有名なトーク番組『サタデー・ナイト・ライブ』の司会者ハイディ・ガードナー氏が登壇。ハイディは猫を3匹飼っています。生後3週間で路上で発見されたシャム猫のマーシャル、そして保護猫のカビー・ベアとトゥイーキーです。

「猫を3匹飼うと、最初は心ないコメントがたくさん来ました。『もう結婚していてよかったね！』とか。それでクレイジーキャットレディという偏見に嫌気がさしたんです。私は3匹飼っていますが、たくさん幸せをもらっています。ストレスフルな長い一日を終えて仕事から帰ると、猫たちがいてくれて、心癒されます。だからこれからはこう言いましょう。私たち猫飼いは――それが女であろうと男であろうと――犬を飼っている人たちと変わりなく賢く素晴らしい人間です！　クレイジーには〝頭がおかしい〟という意味もあるけれど、〝熱心に打ちこむ〟という意味もありますし」

実際に、『タイム』誌やCNNも報じたウィスコンシン州キャロル大学の研究によれば、猫を飼っている人は犬を飼っている人よりむしろ賢いそうです。猫を飼っている人のほうが知能を必要とする質問でどれも高いスコアを獲得。そうすると今度は、猫がいるおかげで賢くなったのか、猫のような頭の回転が速くて機敏な動物の世話をするにはもともと賢くなくてはいけないのか、という疑問が湧きますね。

猫の社会的知性

これまでペットの研究といえばほとんどが犬に関するもので、猫の研究は非常に遅れていました。猫はもともと野生の近縁種の子孫ということで、犬に比べると社会性や適応力が低いというレッテルを貼られてきましたが、最近では猫の社会的スキルが犬に匹敵することが次々と示されています。

研究者たちは長い間、猫は犬のようには飼い主と絆を結べない、人間の考えを共有することもできないと考えていました。しかし2017年以降、オレゴン州立大学の猫専門の動物行動科学博士クリスティン・ヴィターレ（Kristyn Vitale）による画期的な報告が多くの主要メディアに紹介されました。

『ニューヨーク・タイムズ』紙は〝猫は人間が好きらしい！〟、『ワシントントン・ポスト』紙は〝衝撃！　エサやおもちゃより人間が好きな猫もいる〟、『ナショナルジオグラフィック』誌は〝あなたの猫はエサよりあなたを選ぶ？〟と書き立てました。

ヴィターレ博士自身も猫を4匹飼っていますが、頭がおかしいと言われたことはないそうです。飼っている猫が自分と交流したがっていることには前から気づいていて、2017年には猫のほとんどがエサやおもちゃよりも、人間と過ごしたがることを実証しました。また2019年には、人間がどれだけ注意を払うかによって行動を変えることも発見。一緒にいればいるほど猫は愛情深くなります。別の研究によれば、猫は人間の名前を覚えることができるそうです。

「研究によって、私が前から感じていたことが裏づけられたんです。猫にとって人と交流することはとても大事。私も驚きましたが、猫の50％がエサよりも人と過ごすのを選んだんです。エサのほうを選んだ猫は30％でした。エサをくれる人間しか好きにならないというわけではなかったんです」

スウェーデンは間もなく夕食の時間ですが、ヴィターレ博士が住むアメリカのポートランドではちょうど朝食が終わった頃。普段はユニティ大学で助教授として動物の行動や健康についての講義を担当するかたわら、オレゴン州立大学で猫の研究もしています。自宅で仕事をすることもよくあり、そうすると4匹の猫と一緒に過ごすことができます。ふわふわのキジトラ、13歳のメイシーは目が見えません。クリスティンが初めて自分で飼った猫なので特別な存在です。オハイオ州の猫保護施設で働いていた時に出会い、一目で恋に落ちました。

２番目の猫、黒猫のボーは色々な芸を披露してくれるそうです。夫婦でオレゴンに移り住んだ直後に突然、家の前に現れました。

「首の後ろにはひどく噛まれた痕があり、とてもじゃないけれどドアを閉めるなんてできなかった」ヴィターレ博士はその猫を獣医に連れていきました。もう後戻りはできません。一緒に暮らし始めました。

３番目と４番目の猫カールとケヴィンは数年前、夏に夫婦でサイクリングをしていた時に溝の中で発見しました。小さなプラスチックの箱に入って子猫が捨てられていたのです。「そのまま太陽の下に放置するなんて、もちろんできませんでした」

４匹とも家の中で飼っていますが、庭の一部を柵で囲んで出られるようにしています。部屋の中にある猫用の木に登って窓から飛び出し、トンネルをくぐると手作りの猫テントにたどりつきます。そこで草を食べたり、鳥を観察したり。

「どの子も全然性格がちがいます。研究はどれもうちの子たちでもテストしましたが、個体によって大きな差があります。しかし結果としては人間との交流とエサがトップで、その次におもちゃやエサ以外の香りでした」

年齢によるちがいは見られませんでした。品種も色々な猫を対象にしました。家庭で育った猫、猫保護施設あるいはケージで育った猫では差があるかどうかも調べましたが、社交能力は基本的に同じでした。

長年犬や猫の研究に使われてきたのが、幼い子供の検診でも使われる指差しテストです。異なる色のついた缶を指差した時に、子供がそれを目で追って歩み寄るなら、相手と交流する能力があるということになります。1998年に犬が簡単な指差しテストに合格することが判明して以来、世界のペット研究所が犬の行動を詳しく調べ始めました。犬は人間の顔を見て感情を理解する、会話を部分的に理解する、公正で倫理的に行動する――そんな研究結果の積み重ねで、「犬は人間の忠実な友」というイメージができあがりました。

一方の猫はすっかりおいてきぼりでした。たとえば2004年には犬の認知能力に関する大規模な研究が12件も行われているのに、猫に関しては1件もなかったのです。この研究投資の割合は猫の人気に見合っていません。2019年には研究者アーダーム・ミクローシ（Ádám Miklósi）氏が『サイエンス』誌のインタビューで「私たちは猫よりもオオカミのことをよくわかっている」と言ったほどです。

ミクローシ氏は2005年には猫に指差しテストを試みました。すると最初は犬と同じような行動を見せましたが、しばらくすると猫たちは次々とテストから脱落し、研究者を困らせました。テストに飽きてしまったり、立ち去ってしまったり。猫の研究は行き詰まりました。犬と同じように行動しないので、研究者のほうが耐えられなかったのです。ミクローシ氏は「二度と猫の研究はしない」と誓ったほど。「みんな挑戦したけど、諦めたんです」――10年後に『ニューヨーク・タイムズ』紙のインタビューでそう苦笑しました。

何が原因なのかを別の研究者――つまりヴィターレ博士が掘り下げるまでに、それから10年かかりました。

ヴィターレ博士のチームは2017年に本格的に研究を開始しましたが、驚いたことに猫たちは犬と同じように立派に指差しテストに合格し、多くの場合、指を差されたものに向かって喜んで歩いていきました。ゆっくりとはいえ確実に、謎が解明されていったのです。

次の実験では子猫79匹と成猫38匹を募集し、飼い主と一緒に「安全基地テスト」に参加してもらいました。これも通常は犬に行われるテストで、飼い主が部屋からいなくなった時の反応を観察します。ある猫は部屋に飼い主が戻ってくるまで2分間で62回鳴き、戻ってくるとすぐに安心して部屋の中を動き回りました。

ミクローシ氏の研究チームがなぜ行き詰まったかにも気づきました。猫は扱いが難しいというのは誤解でした。

「マイペースな猫は飼い主のことなど考えていないと思われがちですが、それはちがいます」たとえば飼い主のクララと一緒に参加したライラという猫がいましたが、ライラはクララがそばにいるかぎりは果敢に部屋を歩き回って探検しました。つまりクララを完全に信頼しているのです。

「この研究結果が拡散され、喜んでもらえたのは嬉しかったです。これまで考えられていた事実とはちがったということが受け入れられた。猫は本当に社交的な生き物で、行動を研究する価値があります。今ではたくさんの人がそのことに気づいてくれました」

これまで研究予算が犬にばかり費やされてきたもう1つの理由は、昔から犬にははっきりした利用価値があったから。盲導犬、警察犬、狩猟犬、それにさまざまな種類のセラピードッグ。認知症ケアでも活躍します。しかし実は猫も重要な役割を果たすことを8章で取り上げます。

今後は、猫がいかにして飼い主と絆を結ぶのかを研究する予定だそうです。

「猫に対する見方が変わりつつあると思います。猫を飼っている人たちの間でもね。猫を訓練する人、散歩や旅に連れていく人も増えていて。これは新しい現象ですよね。家の外でも一緒に過ごせるんです。猫は長いこと過小評価されてきましたが、今では多くの人が猫の能力に気づいています」

猫を訓練するのもおすすめだそうです。

「飼い主が気づいているかはわかりませんが、猫は人間から学んでいます。たとえば人間が食器棚を開けると食事の時間、鳴けばなでてもらえる、とか。訓練をすることによって、自分が猫に対してどんな行動をとっているのか、それが猫にどんな影響を与えているのかを認識できます。それで猫と人間の関係を深めるコミュニケーションも生まれます。課題を解いたり、ゲームをさせたりしてみてください。うちのボーナど毎日訓練しないと気がすまないくらい。彼にとっても大事な日課になったようです」

猫は人を癒し、たくさん愛を与えてくれる――それに猫の健康的な生活リズムも魅力的です。

「猫はルーチンを大切にします。独り暮らしでもそうでなくても、仕事とプライベートのバランスを見直すといいかもしれません。猫のルーチンのおかげで、私たちも自分のルーチンを思い出すことができます。いつ朝食を食べるのか、休憩するのか、身体を洗うのか、遊ぶのか、独りになってのんびりするのか……。私など起きるとすぐにパソコンの前に座って仕事を始めてしまい、気づいた時にはもう12時で、朝食を食べるのも忘れているような有様。だけど猫を観察することで地に足が着き、人間の基本的なニーズを思い出すんです。ＳＮＳなどに時間を費やす前に、よく考えてみましょう。今この瞬間を大切にすることを、動物の行動全般から学ぶことができます。

それに猫はどこにでもいますよね。野良猫に飼い猫、保護施設や家庭――本来は研究や観察をしやすい動物なのです。ようやく猫への注目が高まってきて、本当に嬉しいです！」

そんなヴィターレ博士の夢はローマのコロッセオにある猫コロニーを訪れること。イタリアの首都ローマには30万匹以上の猫が４０００ものコロニーに住んでいて、そのうち18万匹は家庭、残りは路上で暮らしています。ローマの人々は猫を誇りにしていて、「永遠の都」の象徴だとみなしています。猫が5匹以上集まると法律で猫コロニーに認定され、殺処分の対象にはなりません。それどころか食事や世話、薬、去勢手術をしてもらう権利が生じます。

何千人ものボランティアが猫の世話をしています。最初は女性が多かったのですが、しだいに男性の「Gattare（猫世話人）」も増えました。

動物界でも賢い猫の脳

猫は動物界でも賢い生き物です。

猫の脳は90％人間の脳と同じ。そして知性を左右するのは脳の大きさではなく構造です。考え、決め、問題を解決する――つまり賢く行動できるかどうかは大脳皮質という領域がコントロールしています。人間の大脳皮質は210～260億個のニューロン（神経細胞）から成りますが、猫のニューロンは約3億個で、大人の猫の知能は人間の2歳児くらいだと言われています。

知性とは、経験から学び、問題を解決する能力です。人間と同じように猫も周囲を観察し、それを実践することで学びます。ドアを開けたり、呼び鈴を鳴らしたり、電気をつけたり――まさに〝ラーニング・バイ・ドゥーイング（実践から学ぶ）〟です。

賢い猫の動画はネット上でもあっという間に広まります。中でも、あらゆる手を尽くして保護施設から逃げ出した保護猫キルティ（6歳）は有名です。監視カメラに、キルティが何度もドアのハンドルに飛びつき、奇術師フーディーニのように部屋を脱出する様子が映っていました。同じ部屋にいた十数匹の猫たちも、開いたドアから喜んで後に続きました。

知性とは、学んだことを覚えておく能力でもあります。猫の記憶は10年ほどもつと考えられていて、起きたことの記憶を感情や場所に結びつけます。動物病院での痛みや恐怖、近所の犬に追いかけられたことは忘れません。また、視界から消えた人やもののことも覚えています。

「本のように賢い」——作家と猫

スウェーデン語には「本のように賢い」という表現がありますが、ドリス・レッシングやジョイス・キャロル・オーツなど、執筆時に猫が膝にのっていたり、そばで寝転んでいたりした大作家はあとをたちません。猫の存在に心が落ち着き、クリエイティビティや集中力が上がるのでしょう。

ノーベル賞受賞作家のドリス・レッシングは、回想録『On Cats（猫について）』の中で、飼い猫ルーファスとチャールズの知性、それが猫の性格に応じてどんなふうに表れるかを綴っています。

ルーファスはサバイバーとしての知性があり、必ず解決策を見つけます。チャールズは好奇心旺盛な科学オタク。レコードをかけると、音がどこから出てくるのかを調べようとしたのです。子猫の頃から、レコードプレーヤーのトーンアームを上げて、それからまたそっと戻していました。スピーカーの後ろにも入りこみ、「この音はどこから出ているの？」と言いたげに、大声で鳴いたのです。

部屋に入る時にも大声で鳴いて、「ほら、チャールズ様がやってきたよ。見たことある猫の中でぼくがいちばん素敵でしょう？　もちろんぼくが恋しかったよね？」と言わんばかり。

レッシングはそんなチャールズを「Winsome（愛嬌たっぷり）」と表現しました。賢くて愛らしいチャールズ。そしてもう1匹のジェネラルには直感という知性があり、いつも彼女の考えをわかってくれました。

レッシングは作品の中で生涯にわたる猫への愛を語っています。そこら中で猫が走り回るアフリカの農場で育ち、大人になってからもロンドンのアパートで常に猫を飼っていました。グレー・キャットから最後の猫エル・マニフィコまで、優美な4本肢の家族の魅力を書き綴っています。これほど美しい言葉で、猫との言葉を介さないコミュニケーションを捉えた作家はいないでしょう。猫のおかげで作家としても成長し、賢くなったと言えます。

ジョイス・キャロル・オーツは、「自分の児童文学作品はどれも子猫の視点で語られている」と言っています。最後はハッピーエンドで、女の子のベッドで猫がのどを

鳴らしているのです。猫に関する物語と詩を集めた短篇集『The Sophisticated Cat（洗練された猫）』（1992）も出版しているほどの猫好きです。

猫を愛した作家には他にも、アーネスト・ヘミングウェイ、エドガー・アラン・ポー、チャールズ・ブコウスキー、マーク・トウェイン、T・S・エリオット、スティーブン・キング、パトリシア・ハイスミスなどがいます。クリエイティブで遊び心があり、生き生きとした猫の存在――物語を生み出すのにそれ以上のサポートは望めません。

マーク・トウェインは、「猫好きな人とはそれ以上説明の必要なく友人、仲間になれる」と言ったほどです。

〝猫ほど自由な動物はいない〟――ヘミングウェイの『誰がために鐘は鳴る』の一文です。当初キューバの自宅には猫部屋がありましたが、そのうちに部屋のドアを開け放すようになりました。

ヘミングウェイはおそらく本の世界でもっとも有名な猫愛好家でしょう。「猫は徹底的に高貴で真実だ。人間はいろいろな理由で自分の感情を隠すが、猫はそんなことをしようともしない」

「一匹の猫がもう一匹につながる」という名言も残しています。一度猫を飼うと、一匹では満足できなくなる――猫が家に広める温かさや愛情をもっと感じたいと思うからです。

フロリダ州キーウェストにあるヘミングウェイのスパニッシュコロニアル様式の自宅は現在ヘミングウェイの博物館になり、40～50匹の猫が住んでいます。家の中で眠ったり、ヤシの木陰でくつろいだり、プールの脇でからだを伸ばしたりしています。いちばん有名なキューバのフィンカ・ビヒアの家では50匹近くの猫を飼っていましたが、ヘミングウェイがクレイジーだと言われることはありませんでした。猫を「ゴロゴロ工場」と呼び、家の中を自由に歩き回らせていたので、この家を訪れた人は「どこにでも子猫がいて、食卓の上も猫だらけだった」と回想しています。食事のメニューは缶入りのサーモン、ウイスキー風味の牛乳――これぞ真のヘミングウェイ精神です。

指が6本ある猫を集めるようになったのもキューバでした。地元の漁師たちが6本指は幸運をもたらすと考えていたのです。

ミューズな猫

スポットライトを浴びるアーティストや俳優にとってもペットは重要です。歌手のテイラー・スウィフトも飼い猫をいちばん信頼していて、言葉で説明しなくても沈黙を分かち合えると語っています。

ジョン・レノンも大の猫好きでした。幼い頃、学校の帰り道で猫と遊んだのが始まりで、その後、一緒に住んでいた伯母が猫を拾ってきてエルヴィスと名づけました。ジョンは生涯を通じて猫を飼い、猫に魅了されていました。元妻シンシアは、「そこにいること、存在すること、自分らしくあることに許可も求めない、そんな猫を2人とも高く評価していた」と語っています。2人が飼っていた猫はそれぞれに個性があり、家族の一員で、家に帰るのが楽しみになる存在。ジョンは音楽をつくるときにも猫からインスピレーションを受け、スタジオにもよく連れてきていました。

クイーンのリードシンガーであるフレディ・マーキュリーも、飼い猫デリア、トム、ジェリー、ティファニー、ドロシー、ゴリアテ、リリー、ミコ、オスカー、ロミオなどを溺愛していました。ツアー中はいつも家に電話をかけて猫たちと話し、大きな家には猫それぞれの個室があったそう。彼らに捧げられたアルバムもあります。遺産の一部を猫そして共に猫を愛した元婚約者メアリー・オースティンに遺しました。

猫を飼う賢い理由

スピリチュアルの世界でも、猫の賢さはきわだっています。タロットカードで猫のカードはコミュニケーションの意。誰かが何か伝えようとしているのかも。だから猫のカードが出たら意識して耳を傾け、自分の直感を信じましょう。それがあなた自身のスーパーパワーにつながるかもしれません。

猫と一緒に時間を過ごすことで得られる効果は多くあります。科学雑誌『サイコロジー・トゥデイ』や『キャティントン・ポスト』(『ワシントン・ポスト』ではなく)というウェブサイトなどは、猫を飼うのが賢い理由を説明してくれています。猫にはリラックス効果があり、私たち人間も愛情深くなり、オープンマインドになれる、それがサミュエル・D・ゴズリング(Samuel D. Gosling)他の研究で示されています。また、猫を飼う人はやや神経質ですが、猫から感情にも知性にもちょっとした刺激をもらえることもわかりました。デニス・グアステロ（Denise Guastello）らによる研究では、猫の飼い主は必ずしも神経質なわけではなく、猫と同じように「他の人が選ぶのとはちがった選択肢を選ぶ」傾向があるとしています。

普通なら人間が地球でいちばん知的な動物のはず。そして知性というのは「問題解決のスキルや高い記憶力」だと考えられていますが、感情や他者との関係は忘れられがちです。動物の知能に関しても、従来型の知性に焦点が当てられてきました。人間の心理を理解するだけでも大変なのに、ましてやゾウやワニに関する研究は後回しにされてきたのです。

しかし今はそこが変わりました。動物の能力、行動、精神力に関する研究データが次々と上がってきて、何百もの種が調べられています。そして驚くような結果が報告されています。私たちの世界には思想家がたくさんいる――人間はそのうちの一種にすぎないのです。

哲学と猫

英国の著名な政治哲学者ジョン・グレイ（『男は火星から、女は金星からやってきた』の著者とは別人）は、著書『猫に学ぶ――いかに良く生きるか』で猫の知恵に敬意を表し、猫が人生の意味を教えてくれると書いています。自身も4匹の猫、バーミーズの姉妹ソフィーとサラ、そしてバーマンの兄弟ジェームズとジュリアンを飼っていて、著書を彼らに捧げました。

私たちは人生の意味を探すために哲学者を研究してきた。それよりも猫を観察したほうがよかったのでは？
――ジョン・グレイの著書『猫に学ぶ』へ『ワシントン・ポスト』が寄せたコメント

猫を飼っている人は、猫がいると深く考えられることに気づくでしょう。グレイもまさにその点を指摘しています。アリストテレスやモンテーニュのような偉大な思想家でも、人生の平穏を探そうとして行き詰まった。しかし皆が猫だったら、私は仕事を失っていただろう――。人間は幸せを手に入れようと苦労しますが、猫は最初から太陽の当たる場所を見つけて満喫するのです。これはシンプルかつ賢明な洞察。与えられた人生に満足する猫の姿は、私たちにとってもインスピレーションになるでしょう。食べ物を探すことと幸福を求めることは別なのです。

ルネッサンス期に影響力のあった作家ミシェル・ド・モンテーニュは、16世紀にはすでに猫の本質について深く考え、「猫と遊んでいる時、猫が私で暇つぶしをしているのか、私が猫で暇つぶしをしているのか、どうすればわかるのか」と悩みました。研究者のサラ・プラットも、大人も子供も、自分の空間を確保することを猫から学べるはずだと言います。

「現代社会では一線を引く能力が失われてしまいました。一目見るだけで充分なのに、相手に触れなくてはと思ってしまうのです」

サラは研究のかたわら、動物の行動やペットと人の関係について講義をしています。猫は愛の言葉を話す――サラはそう言います。猫がじっとしたまま瞬きをすると、「元気だよ」、長く目を閉じたら「愛してるよ」という意味なのです。

「言葉を介さない猫とのコミュニケーションは非常に豊かで、私たちも心の内面を見つめるようになります」

ジョン・グレイも同じ考えでした。人間の意識や活動的なライフスタイルは健全ではなく、何もかも悩み、心配し、不安になり、精神状態を悪くしてしまうこともある、と書いています。本来ならばスピードを落とし、必要なものはもうすべて持っていることに意識を向けなければいけないのに、ドーパミンに駆られてネットサーフィンを続け、新しい経験を探してしまいます。

〝猫は狩りや交尾、あるいは食べたり遊んだりしていない時は眠っている〟グレイはそう書いています。〝常に活動的でいなければという内なる衝動はないようだ〟

私たち人間は、自分たちが特別な生き物であると思いがちです。しかし人間を特別な存在にしている点こそが私たちを不幸にもしています。それは人間の弱さ、道徳観、正義の追求、そして何が正しくて何が間違っているのかを際限なく考え続けるところ。哲学者だったグレイは「猫が人間から学ぶことは何もない。しかし人間であることの重荷から部分的に解放されることを人に学ばせることはできる」と言っています。

COLUMN

ホワイトハウスの賢い猫たち

猫や犬は昔から、「権力の回廊」でも存在感を放っています。ホワイトハウスの大統領執務室「オーバルオフィス」が「The Oval Pawffice」（pawは動物の足先のこと）とも呼ばれるのは、大統領の多くが犬や猫を飼っていたから。リンカーンもストレス解消のために猫と遊んだと言われています。やはり大統領は賢いのでしょう。プレッシャーの多い仕事をしている人は真似をしてみては？　あるいはメンタルのアドバイザーとして猫を雇うとか。

エイブラハム・リンカーン大統領（1809～1865）から、ホワイトハウスで猫を飼う伝統がスタート。1861年にタビーとディクシーの2匹を連れてホワイトハウスにやってきました。それ以来、何人もの大統領が猫を飼っています。ここで一部を紹介しましょう。

- ラザフォード・ヘイズ大統領（1822～1893）は大統領としての知名度は低いですが、1870年代後半にアメリカに初めてシャム猫を持ちこみ、大統領猫の歴史に名を刻みました。バンコク駐在のアメリカ外交官から贈られた猫で、その後はピッコロ・ミニという子猫も加わりました。

ソックスには自分のホームページやウィキペディアのページがあり、大統領執務室や記者室の演台にいる写真、大統領の肩にのって散歩する写真が掲載されました。2009年に20歳で眠りにつき、妻ヒラリー・クリントンがソックスと犬のバディのことを『Dear Socks, Dear Buddy（親愛なるソックスとバディへ）』という本にまとめました。子供たちから届いた手紙、ペット同士のライバル関係や日常生活のことが綴られています。

- ジョージ・W・ブッシュ大統領（1946～）の漆黒の猫インディア（愛称ウィリー）もホームページがあり、ホワイトハウスの図書館で過ごすのが好きでした。一家は前から茶白の猫アーニーも飼っていました。インディアは20歳近くまで生き、次のオバマ一家が（猫なしで）引っ越してくる頃に亡くなりました。
- ジョー・バイデン大統領（1942～）も負けてはいません。ドナルド・トランプ大統領の時代が動物なしで過ぎた後、やっと秩序を取り戻したのです。選挙のキャンペーンでペンシルベニアを訪れた際、ジル夫人が緑の目をしたグレーと白のウィローを発見し、ジャーマン・シェパードのチャンプとメジャーのお友達になりました。

↘

- 1901年、テディの愛称で知られるセオドア・ルーズベルト大統領（1858～1919）が23匹のペットを連れてホワイトハウスに越してきました。足の指が6本の猫スリッパーズ、マーク・トウェインの『西部放浪記』に登場する猫にちなんで名づけられたトム・クォーツなどです。猫たちはホワイトハウスの中を自由に動き回り、宴会場のフォアイエでもよく昼寝をしていたので、ゲストは猫につまずかないように気をつけなければいけませんでした。
- ケネディ一家は60年代初頭の家族写真でトム・キトンを誇らしげに抱いています。グレーの毛で黄色の目のトムはカメラマンの注目の的でした。しかし、ジョン・F・ケネディ大統領（1917～1963）は猫アレルギーだったため、トムをあやしていたのは娘のキャロラインと妻のジャッキー。撮影後は大統領のくしゃみが止まるように、ホワイトハウス職員のメアリー・ギャラガーと帰宅しました。残念ながらトムは1年半しか生きられず、死亡告知にはこんなふうに記されていました。“トムは多数の国家機密を知り得たが、同じ立場の人間とは異なり、ホワイトハウスでの日々を回想録にまとめることはなく、そこでの生活に関していかなる発言もしなかった”
- そしてビル・クリントン大統領（1946～）です。ホワイトハウスでもっとも有名な猫、野良猫だった黒白のぶち猫ソックスを引き取り、その後ソックスの本や歌が書かれたほど。

カリーナ

絶望の淵の大きな慰め

12月。ブリーダーのエヴァのフェイスブックで、ミアの弟マグヌムの心臓にわずかな欠陥があることを知りました。サイベリアンにはよくある病気で、おそらく成長すれば自然に治るというのが獣医さんの見立てでした。

マグヌムの毛皮は美しい漆黒で、お腹に2つ白い斑点があります。完璧な美しい顔立ちなので繁殖用のオスになってもおかしくありませんが、その場合はどんな小さな欠陥もあってはいけません。

この子と私——2人とも心臓に欠陥があるなんて。運命かしら。もう1匹猫を飼えってこと?

最初から2匹飼うようにとたくさんの人から勧められました。猫は仲間がいるほうが喜ぶからです。それでも最初からはちょっと多すぎるかなと思いましたが、急に扉が大きく開かれました。ミア1匹でもあっという間にたくさんの愛を振りまいてくれたくらいなのに、2匹ならどうなる? やっぱりもう1匹ほしい!

私たちにはどんなに小さなサポートも必要でした。あの秋は本当に辛かった——ミアを家に連れ帰った8月にはアンデシュの癌は消えていて、化学療法も必要ありませんでした。しかし9月にはもう本格的に再発したのです。また化学療法が始まり、アンデシュは今までになくぐったりしていました。２年にわたる闘病がダメージを与え始めたのです。

私は咳払いをしてから、夫に「マグヌムだけがもらわれずに残っている」と伝えました。見捨てられたわけではないけど、残り物。しかも心臓に欠陥あり。今はブリーダーのところで幸せに暮らしていますが、ずっとそこにいるわけにもいきません。それにうちは広いし。猫２匹の場所くらいあるでしょう?

私は懇願するような声を出していました。そんな必要はなかったのに。

夫はすぐに顔を輝かせ、新しい子猫が来る喜びと期待でいっぱいになりました。しかし思いがけず反対したのは息子たちでした。

「やめてよ。猫は１匹で充分」

「パパもママも信じられない。家中毛だらけになるよ。友達にもなんて言われるか……あきらめて」

ティーンエージャーの息子たちは口下手です。自分たちの存在が脅かされているように感じたのでしょうか。ミアが家族の注目を一身に集めているのは確かです。息子たちをもっと抱きしめてやらなきゃいけない？　だけど思春期の息子たちは抱きしめようとしてもすぐに腕からすり抜けてしまいます。

一晩考えてと頼みました。しかし朝になっても意見は変わりません。2人にとってはまったくバカげたアイデアだったようです。

しかしいったん2匹目がほしいと思ったらもう止められません。夫と私は決めました。もらえるパワーと愛はすべてもらわなくては。

「ミアに友達ができるのはすごく良いこと！　2、3日考えさせて」エヴァからはそう返事がきました。

私が仕事から帰ると、アンデシュはリビングの硬い床に寝ころび、足だけ肘掛け椅子の上に置いています。ちらりと私のほうを見て無理に微笑み、また目を閉じました。寒気がして、痛みもひどいようです。ベッドからもってきたダウンの布団から出ているのは顔だけ。化学療法の副作用で足におかしな痛みを感じるようになってもう1週間。朝など歩けないくらい痛いこともありました。

ミアが布団の上に堂々と寝そべり、アンデシュを温めています。ちょうど痛む足首のあたりで。1時間前からずっとそうしていたようです。ミアはこれ以上伸びられないくらい身体を伸ばしています。なるべくたくさん温めてあげたいのでしょうか。

なぜそこが痛いってわかるの？　本当に賢い――。

自分にできることをやってくれているのです。なんて愛情深いミア！　弟のマグヌムもそばで見守っていています。最初の2、3週間はちょっと怖がっていましたが、今ではすっかり家族の一員に。堂々と落ち着いて、リラックスしています。

数日後には夜の儀式が始まりました。「さあ、催眠術をかけるぞ」アンデシュはそう言ってマグヌムを膝に抱き上げます。あおむけにして、脚で挟んで、お腹をかいてやるのです。そうやってお互いに癒されたのでしょう。猫がいるだけで日常に落ち着きと遊び、存在感、そして喜びが生まれます。ノンストップで笑わせてくれるし、大人もおかしな赤ちゃん言葉になったりして。

感謝の気持ちでいっぱいです。猫を飼い始めて、家に笑い声と喜びが溢れました。朝起きるとすぐに笑っている自分がいます。ミアは本当におもしろいのです。私になでてもらいたくて床にどすんと身を投げ出すし、キッチンテーブルと窓のさんを行ったり来たり。ネズミのおもちゃを見つけるとリビングルームまでドリブル。ミアを踏んづけないようにと、私のほうが転びそうです。気づいたらいつもすぐ後ろにいるし。

マグヌムも時間が止まりそうにおもしろい子です。紅茶を飲んでメールをチェックする前にはもう遊んだり笑ったりして、生活を楽しむことを思い出させてくれます。
教訓：仕事よりも遊んだり笑ったりするほうが大切。
キッチンとリビングの間を何度か走って往復すると、ミアはリビングのテーブルの下で丸まります。目を細めてこちらを見つめ、まるで微笑んでいるかのよう。
教訓：しっかり休憩しましょう。無理をしないで。遊ぶ時間はあるはず！

急に猫が2匹いる生活が始まりましたが、嵐の渦中にある今、家庭内の愛を最大限にするしかないのです。

マグヌムがうちにやってきて最初の数日は大変でした。ミアは弟が同じ家に引っ越してくる意味がわからず、うなり声をあげ、取っ組み合いのけんかをしました。しかしその後はお互いに愛情を抱くようになり、けんかはじゃれあいに。1週間もすると、ずっと一緒に暮らしていたみたいに、一緒にいて当然の存在になりました。

姉よりずっとからだが大きいマグヌムですが、最初は少し慎重で、アパート全体を見渡せる廊下のサイドテーブルの下に陣取っていました。ミアのように「なでて！抱きしめて！」という感じではありませんでしたが、徐々に距離が近づき、嬉しそうにあおむけになるまでになりました。

そう、2匹目を飼ったのは賢い選択でした。息子たちさえ新しい現実を受け入れ、7キロもある穏やかで賢い猫マグヌムを嬉々として抱きしめるようになるまでに長くはかかりませんでした。

しかし1月の初めに、最悪のニュースが飛びこんできました。抗癌剤がもう効かない――医者もあきらめきっています。これ以上選択肢はありません。私の頭にも最悪の結末が過ぎりました。このいまいましい癌を止めることはもう無理かも――。そんな絶望の淵でも、猫が2匹いるのは大きな慰めでした。私たちは大家族。私、子供たち、猫たち。それにアンデシュ。この先どうなるにしても、一緒に嵐を乗り越えてみせる。鏡のように穏やかな海に出られるまで。

ミアが私に微笑んでいます。そこにぴったり寄り添ったマグヌムもうなずいています。ゆっくりとまばたきをして、こう言うのです。「大丈夫。どうなったとしても、ちゃんとうまくいくから」

ウルリカ

夫の命が危ない——

夫マグヌスの命が危ない——病院から連絡がありました。重体になった理由は医師にも不明です。私はソファに沈みこみました。感情が湧かない。心が空っぽです。

その時突然、バーマンのベッラが部屋に駆けこんできました。後ろ肢でタイミングを計って本棚に跳び上がり、もっと上に登ろうとするも後ろ肢が滑ってしまい、本棚の棚板にぶら下がり、そのまま落ちてしまいました。身体をくるりと回して着地し、今起きたことを振り払うかのように身体を震わせます。それから足を舐め始めました。自分に絆創膏を貼るみたいに。

ベッラを抱き上げると、腕の中でゴロゴロとのどを鳴らし始めました。身体がリラックスして重くなり、私の身体も使って振動を強めているかのよう。片方の前肢を私の胸に押しつけ、もう片方の肢を舐めています。私は身体の力を抜き、ベッラの毛皮をなで、首を掻いてやりました。ベッラは目を細めて私を見つめ、すっかり落ち着いたようです。

そしてまた本棚へと視線をやりました。私の膝から降りると、棚の前に座って見上げます。落ちずにいちばん上まで行くためにはどのくらい力が必要か――それを計算しているみたいに。しっぽを左右に振るスピードがどんどん速くなります。からだを縮め、背骨を丸め、跳び上がりました。今度は余裕でいちばん上の段に届いた！　本の前を行ったり来たりしてから棚板に寝そべり、部屋を見下ろしています。

私は考えました。最初のトライは本当に失敗だったのか？　もしかしたらベッラは失敗だとは思わなかったのかも。あれは偵察のためのジャンプだったのかも。もし猫が何でも1度目から成功していたらどうなる？　人生を、大自然を、世界を探求する意欲を失ってしまうでしょう。立ちはだかる困難がなければ、どうやって回復力や強さを維持し、自信を培うことができる？　――ベッラが自分の肢で着地できるなら、私にもできるのかも。

私は床に横たわり、目を閉じ、お腹に手を当てました。深呼吸して、自分自身を振り返ろうとしたのです。

最愛の夫マグヌスは死んでしまい、その身体は私たちの前から消えてしまうかもしれない。あるいは医師が解決法を見つけてくれるかもしれない。何があっても、私はベッラのようにやってみよう。状況を受け入れ、立ち止まり、涙を流しながらも息を吸い、その深刻な瞬間の波動に流されてみよう。

いつの間にか私の鼓動は収まり、身体の力が抜け、頭がはっきりし、自分の呼吸が聞こえてきました。

その時、お腹に温かく柔らかい猫のからだを感じました。ベッラ——優しくて美しくて賢い、私の猫。彼女の温かさで気づいたのです。「私は独りじゃない」

5章

神殿の猫

人生がうまくいかないときに
助けてくれるものが2つある。
――音楽と猫だ。
～アルベルト・シュバイツァー

猫にしかないパワー

猫には猫にしかないパワーがあります。自信満々に場を占め、誇らしげな姿勢で「さあ私を褒めたたえ、愛でなさい」とでも言いたげ。こっそり昼寝をしたり、座って窓の外を眺めたりする様子には、秘密の生活があるようにも思えます。

ウルリカは30年ヨガと瞑想のインストラクターをしています。環境と人間の心がいかに影響し合うのかに興味を持ち、世界各地で刺激的な旅をしてきました。インドでは、猫のおかげでスピリチュアルな修行が進んだ経験をしました。

＊＊＊

早朝、鐘の音で目を覚まします。最初の鐘は起きる合図。身支度をして神殿へと向かいます。2度目の鐘は、瞑想が始まる合図。静かに床に座ります。3度目は沈黙の合図。目を閉じ、手を膝に置き一礼すると、呼吸をしながら自分の内へと入っていきます。すべてを手放し、今に集中するのです。その瞬間を何もかも感じ取り、周囲の音が記憶、そして今この瞬間の感覚と混ざり合っていきます。

ずっと前から来てみたかったインドの瞑想センター。1週間滞在しただけで精神状態が良くなり、瞑想もぐんとやりやすくなって驚きました。素敵な場所で、優しい沈黙が流れています。空気の肌触りはちょうど良く、暑いけれど爽やか。動物の気配や草木がそよぐ音がＢＧＭになり、安心感を与えてくれます。

　ここの人たちは私が話すと目を見つめ、考えに興味を示してくれます。ここでは瞑想に完全集中できました。デジタル機器に気を散らされることもなく、大自然や他の仲間、センターにいる動物と交流するだけ。犬が２匹と猫３匹がいたのです。

　毎朝深い瞑想をしていると、猫がそばで動くのを感じました。しっぽを私の腕にすりつけて、隣で丸くなるのです。ずっとのどを鳴らしていて、そのうちに振動を感じなくなるほど——まるで猫の周波数と同化したみたいに。

　どの猫なんだろう。どうしても好奇心に勝てず、瞑想中は目を開けてはいけないルールを破ってしまいました。それは茶トラの猫でした。

　夜になるとベッドの中で、明日の朝もまた来るだろうか、なぜ他の誰でもなく私を選んだのだろうと考えていました。

　日々が過ぎ、同じ儀式が繰り返され、私はその猫のからだの形と手触りを覚え、目を開けることもなくなりました。いつもその子だとわかっていたから。その猫の存在、そしてゴロゴロという周波数のおかげで、分析的な思考を一切手放し、その瞬間に身を委ねることができました。肌に当たる風の感じが毎日ちがうことにも驚くようになったのです。大きなちがいではないけれど、それでもちがいはちがい。また別の日には身体のある部分が緊張していることに気づき、次の日には別の部分が緊張していました。そこに呼吸を向けると緊張が和らぎました。

小さな猫が毎朝そばにいてくれたおかげで、しばらく外の世界から解放されました。なぜ私をサポートしてくれるの？　明日は来ないかも？　などと考えるのはやめました。小さな生き物が私の心を開き、人生を受け止めさせてくれた――それで充分です。

マヤと呼ばれていた猫。その控えめな存在に大切なことを学びました。外の世界が私をどう思っていようと気にすることはない。心の内側に入り、真の休息を取り、心のパワーを見出したのです。

未知の扉を開けてくれる猫

猫は精霊のような存在なのでしょうか。確かに、他の動物より直感や注意力が優れているようです。しかし何がそんなに特別なのかをうまく説明することはできません。猫はメッセンジャーなのでしょうか。ならば何を伝えたいのでしょう。

科学の域を超えて、猫は私たちの心を開き、高次の真実を伝える役割も果たします。人生そして自分自身について深く理解させてくれるのです。猫は猫であることに許可を求めませんし、外界の眼鏡を通して自分自身を見ることなく、自分が発する輝きの中に生きています。

柔らかくてリラックスしたイメージ、その一方で人目を忍ぶイメージもあります。

夜行性の動物とされてきたので、月の満ち欠けを象徴することもあります。多くのスピリチュアルな考えで、女性の生殖能力を刺激するとも。たとえばヒンドゥー教の豊饒の女神は猫と一緒に描かれます。

道教では女性エネルギーである「陰」に属し、内なる陰のエネルギーをもつ人になつきます。陰は「自分のまだ探求されていない側面」。まだ知らない、まだできない、まだわからない部分なのです。

つまり猫は私たち自身の未知の扉を開けてくれる存在ですが、まずはその扉に自分で鍵を挿さなければいけません。道教では猫のそばにいることでトラウマの回復が早まるとも言われています。きっとそうなのでしょう。

猫は家族の中でも病気や悲しみを抱える人になつきます。誰も困っていない時にはバランスのとれた人を選びます。その人からパワーを充電して、治療や愛が必要な人に与えるのかもしれません。

猫ヨガ

ヨガマットを広げ、呼吸法や瞑想をするたびに猫がやってきて、マットに座ったり、腕の中に入ってきたりします。私たちが内省し魂をケアするその時間が、猫にとっても癒しのようです。ウルリカのヨガの師匠がこんなことを言っていました。
「猫はプラーナ、つまり生命力を嗅ぎつける。その魂は宇宙にプログラムされていて、からだは知覚でできている。この地球で一緒に暮らすのは、私たちが宇宙と呼応する内なる部分とつながれるためなのです」

猫カフェで猫と一緒に行う「猫ヨガ」も人気が高まっています。「ニャンぺきなヨガ」と言えるかも。ヨガには猫からヒントを得たポーズもあります。何百年も前にヨギ（ヨガを極めた人の称号）が人間の動きのパターンを研究しました。どうすれば身体の緊張をほぐし、呼吸を促し、精神的なストレスを減らせるのか。そして動物の動きを観察し、猫や犬、牛や鷲のように身体を動かしたり、馬やライオンのように鼻を鳴らしたり、ヘビのようにシューシューと音を立てると効果があることに気づいたのです。

神話と猫

猫にまつわる神話は世界中に残っています。

古代エジプト、そしてマヤやインカの文明では、女性の妊娠期間が9カ月なのと、猫に9つの命があるのは偶然ではないと考えていました。人間は誰しも、暗い子宮の中で命を授かります。猫が暗闇と結びつけられるのは、夜でも優れた視力をもっているからで、シャーマニズムではその点が潜在意識と関連づけられています。自分自身や人生への洞察を得ること、その練習がいかに大切かということでしょう。猫のように闇にも目を閉ざさず、闇を闇として見る——そこに別の意味が現れるまでは。

ヒンドゥー教では豊饒の女神が猫とともに描かれます。北欧では豊饒の女神フレイヤ（「女主人」「妻」の意味）が猫に引かせた車で空を走り回ります。豊饒の神フレイ（「主」の意味）と女神フレイヤは双子の兄妹で、石器時代にはすでに信仰されていました。フレイヤは巫女のような存在で、ヴォルヴァと呼ばれる当時のシャーマンでした。セックスが好きな女性とされて、出産の女神でもありました。

もう1人、猫と関連のある北欧女性がトールビョルグです。10世紀に「赤毛のエイリーク」の物語に描かれた最後のシャーマンでした。冬の間、困っている人々を助けるためにグリーンランドの村を回り、各地で丁重にもてなされました。美しい石をちりばめた青いマントなどの巫女の装束を身に着け、白い猫の毛皮のついた黒い仔羊革のフードをかぶっていました。そして手には猫の毛皮の手袋、足には猫皮の靴をはいていました。

猫の毛皮は、日常から離れてフレイヤとつながり、トランス状態に入るための道具だったのです。その後キリスト教が広まり、この伝統は邪悪な異教となりました。ヴォルヴァは魔女とされ、猫は悪魔のアクセサリーになったのです。

聖なる猫・バーマン

ウルリカはこれまでに何匹も猫を飼ってきました。子供の頃は雑種の猫ばかりでしたが、大人になってからバーマン種の猫を飼いました。瞑想とヨガのインストラクターとして活躍するウルリカは、聖なるバーマン誕生の物語を知ってすっかり魅了されたのです。それにバーマンは室内飼いに適していることも決め手になりました。

1匹目のバーマン、ベッラは夫マグヌスからの30歳の誕生日プレゼントでした。青い目のふわふわの猫――ブリーダーのところで2人はすぐに夢中になりました。最初はオスの子猫を気に入りましたが、遊んでいるうちに1匹のメスがマグヌスの胸ポケットに潜りこみました。それがベッラ。ベッラのほうが新しい家族を選んだのです。

バーマンは寺院の伝説に登場する猫で、「聖なる猫」とも呼ばれます。

ミャンマー（旧ビルマ）のモン・デュ・ルグベルゲン・マガサウとセンボの間の谷にインカウジ湖が輝いています。18世紀初頭にはクメール人が住んでいて、神々を崇拝するための寺院を建てました。ラオツンという寺院には金色の目をした純白の猫シンが住んでいました。主人の金色のひげと同じ目の色で、青く輝く目の女神の金色の身体にも似ていました。

この寺院の高僧はキッタ・ムンハという大ラマで、青い目の女神ツンキャン・クセの像に祈る時に常にシンを側に置いていました。しかし恐ろしいプーム・タイ人による侵略が始まり、寺院を囲む神聖な壁にまで到達しました。

高僧キッタ・ムンハは殺されてしまいました。その魂が身体から離れると、シンが玉座に跳び上がり、女神像の前で頭(こうべ)を垂れた主人の頭にのったのです。集まった僧侶たちが驚く中、猫の白い背中の毛が逆立ち、金色の目にムンハの金色のひげが影を落としてサファイアブルーに。シンがゆっくりと南門に顔を向けると、耳、肢、しっぽ、顔が肥沃な土のような茶色味を帯びた灰色になりました。高僧の白髪に触れていた前肢だけが白いままでした。

シンが寺院の入口を向きました。敵が近づく音が聞こえてきます。僧侶たちは猫の姿に女神の意思を感じて勇気が出ました。巨大な青銅の門を閉ざし、地下へと降りていったのです。こうして寺院は救われ、シンは主人のそばを離れることなく7日後に亡くなりました。

世界の猫伝説

エジプトでは猫のミイラが多数発見されています。特にアビシニアンは、ピラミッドや寺院に描かれた猫に似ています。猫を殺したり、密輸したり、盗んだりすると死刑にされました。

5000年前、ブバスティスの街には猫の頭をした女神バステトを祀る神殿がありました。バステトは多産のシンボルとされ、音楽、ダンス、喜び、家族、そして愛のミューズでもありました。

コンスタンティヌス帝の母親がキプロスをヘビの侵略から救った伝説もあります。彼女の命で1000匹もの猫が島に連れてこられ、ヘビを殺したのです。それ以来、猫たちはアクロティリ半島にある聖ニコラス修道院に暮らしています。

猫はヒンドゥー教の叙事詩『マハーバーラタ』や『ラーマーヤナ』にも登場します。

す。
『マハーバーラタ』は、猫のロマサとネズミのパリタが死から逃れるために助け合う物語で、２匹は危機を乗り越えて成長し、友達になります。『ラーマーヤナ』にはインドラという神が出てきますが、既婚女性を誘惑した後、猫に変装して逃げたそうです。

ペルシャの天地創造の物語では、英雄ルスタムが魔術師をかくまいます。「助けてくれたお礼に何がほしい？」と尋ねられ、「何もいらない」と答えると、魔術師は煙と2つの明るい星で子猫をつくりました。

中世のキリスト教では、魔女や魔術師が猫を使って民衆に教会への疑念を湧かせていると疑われました。そして猫狩りが始まり、ヨーロッパ各地の広場で猫が拷問されて殺されました。

19世紀後半、イギリスのヴィクトリア女王の治世になって、やっと猫は人気を取り戻すことができました。ヴィクトリア女王はエジプトの女神バステトに興味があったようで、ペルシャ猫を2匹引き取り、宮廷の一員にしました。

ユダヤ教でもキリスト教でも犬や猫は不浄な動物と考えられていましたが、正教会は猫に対して好意的でした。神殿に入ることも許されていたのです。

犬が神殿の敷居をまたいだら、床を洗うどころではなく、神殿全体を浄化しなければばなりません。なぜ犬が悪霊レベルの扱いを受けることになったのかはわかりませんが、猫は保護されており、修道院によっては門に猫ドアがついていて、自由に出入りできるようになっていました。それがネズミなどから神聖な社を守る唯一の方法だったのです。猫は狩りの達人なので、教会だけでなくお城や館でも重宝されました。

COLUMN

猫の魔力

瞑想家でマインドフルネスのコーチでもあるラーシュ・ハインは、これまでに何度となく猫の魔力を体験してきました。たとえば数年前、友人から犬を捜すのを手伝ってくれと頼まれた時です。

ラーシュにはエネルギーを感知し、他の人には見えないものを見る能力があります。まずは海岸を捜しましたが、犬はいませんでした。何時間も捜しましたが見つかりません。遅い時間になって友人の家に戻り、残念ながら見つからなかったと報告するしかありませんでした。

その時、キッチンで友人の飼い猫に出くわしました。大きくて毛むくじゃらのトロールのような猫で、ラーシュをじろりと睨みつけました。「お前はどうしようもない役立たずだな」と言わんばかりに。

「私は瞑想をして猫とつながり、犬の居場所を知っているかどうか尋ねました。すると猫は暗い水の中にいる犬の映像を見せてくれました。映像は一瞬で消えました。私は飼い主にはそのことを伝えられませんでした。あまりに痛ましい知らせだったので……」

2日後、犬はプールの中で発見されました。防水シートで覆われていて、出られなくなってしまったのです。

「あれは不思議な経験でした。猫は映像でコミュニケーションを取ります。夢のような映像が多いです。それが魔法の動物である所以(ゆえん)なのでしょう。映像を見るには猫の周波数と同化しなければいけません。猫と一緒に瞑想してみてください」

猫のように賢くなるための
瞑想エクササイズ

1. 石、クリスタル、羽、花など、好きなものを選びます。あまり感情が湧かないようなニュートラルなもの、それでいて驚きや興味をそそられるものがおすすめ。できれば自然由来で、心が落ち着くようなもの。
2. 楽な姿勢で座り、背筋を伸ばします。
3. 選んだものを自分の前、50センチ～1メートルのあたりに置きます。
4. 手を膝に置き、しばらく目を閉じます。
5. 自分の身体に意識を向けてください。座骨をしっかり立てて、顔を上げて。
6. 集中力が高まったと感じるまで、長く深い呼吸をします。
7. さきほど置いたものに視線を集中させます。じっと観察してください。細かな点にまで意識を向け、心の中で語るか描くように。
8. 横になって1分間休みましょう。

カリーナ
マグヌムとの朝の瞑想

グリーンのヨガマットを広げると、マグヌムが嬉しそうに隣に腰を下ろしました。これから何が起きるのか、ちゃんと知っているのです。私は身体を震わせます。最初は足、次に腕、脚、そして身体全体を徐々に速く動かしていくと、エネルギーが溢れてきます。マグヌムはそれをじっと見つめています。私の頭がおかしくなってしまったと思っているのかも？　私は笑いだしました。この「クンダリーニ・シェイク」は人間にも動物にも効果があります。こうやって身体を揺らして一日を始めるのが日課になりました。

アプリで感謝のヨガを10分間やったあと、しばらく瞑想をします。人生の課題に取り組むのはその後。もっと心を落ち着けたくて、すぐそばに横たわるミアを時々なでては、まだいるかどうか確認します。猫が太古の昔から霊的な存在だとされてきたことにはちっとも驚きません。

猫は映像でコミュニケーションを取るそうです。だから私も幸せで心穏やかな自分の姿を想像してみます。いつもみたいに心配やストレスを感じていない自分を。一日が始まると今日も夫アンデシュは通院、私は仕事の会議。だからこそこの朝の時間が大切になったのかも。猫と一緒に朝のリズムをつくったのです。誰にも邪魔されない時間。アンデシュは遅くまで寝ているし、子供たちもあと1時間は起きないし。

　バスルームに入ると、2匹ともいつもの棚に跳び乗ります。ミアがいちばん上の段でくるりと回ってから丸まり、目を閉じます。私はシャワーを浴び、歯を磨き、マスカラを塗って——何でも一緒にやっているような気がします。静かで瞑想的な朝を共有したい相手は他にいません。

ウルリカ

家族の心のよりどころ、ボーレ

2015年1月11日午後遅く、家族で動物病院に行き、最愛のベッラに別れを告げました。11年間一緒に過ごしたベッラに。

涙が流れ、悲しみに胸が潰れそうでした。

ここ1週間でベッラは急に具合が悪くなり、だるそうに無気力になりました。病院に連れていくと、重度の腎不全だということが判明。病院はベッラを救おうと手を尽くしてくれましたが、結局は安楽死という決断を迫られました。私が人生で大きな一歩を踏み出すのを助けてくれたベッラ。彼女を天国に送るなんて、恐ろしい決断でした。

夫も私も、ベッラを最初の子供のように感じていました。ベッラが私たちを家族にしてくれたのに、もういないなんて。

私たちは我を忘れるほど悲しみました。

亡くなる数日前、アニマルコミュニケーター(注)のトゥイヤに連絡を取りました。以前ベッラが急にエサを食べなくなった時にもお願いした方で、その時はうちでベッラと一緒に1時間過ごし、何かたくさん紙に書いていていました。そしてベッラが語ったことを教えてくれ、そのアドバイスに従うと2日後にはベッラは元に戻りました。それもあってトゥイヤのことは信頼していました。

トゥイヤからは、ベッラが死んだら新しい猫を飼うように勧められました。悲しみを癒すため、そして家に猫の存在を絶やさないために。私たちはベッラに別れを告げてすぐ、ブリーダーの元へ赴きました。

しかし車の中でもう後悔しました。ベッラを裏切るような気がしたし、もうあんなに猫を愛することはないと確信していたから。

ブリーダーのクリスティーナの家に到着すると、紅茶とサンドイッチで迎えてくれました。自宅に戻るのではなく、猫の保護施設に来たのは正解でした。自宅にはあまりにもベッラのエネルギーが溢れているから辛すぎます。それにクリスティーナなら私たちの悲しみを理解してくれます。

クリスティーナの猫が2匹とも挨拶に出てきて、私たちの膝に跳びのりました。慰めてくれているみたい。クリスティーナは気を利かせて、しばらく猫と過ごさせてくれました。それから「今は選べる猫が3匹いるけれど会いたい?」と訊いてくれました。

リビングに入ると、小さな白い毛の塊が3つ、ころころと転がっていました。子猫がおもちゃで遊んでいるのです。床に座ると、興味津々に寄ってきて挨拶し、一緒に遊び始めました。他の子より落ち着いた1匹がアッサル。深いブルーの瞳にチョコレート色の顔、足、しっぽをもつバーマンの男の子です。これまで出会った中でいちばん愛らしくてフレンドリーで、一瞬で恋に落ちました。アッサルは娘オリヴィアの膝の上で眠り始めました。

6週間後、アッサルを迎えに行きました。トゥイヤの判断は正しかったのです。悲しみを癒す作業が、小さなアッサルを家に迎えるエネルギーに変わりました。

優しく穏やかな生き物の存在。その世話をすることで家族もいっそう結びつきました。アッサルが1歳を迎えた頃、クリスティーナから連絡がありました。アッサルの弟にぴったりの子猫がいると。猫が2匹いる生活に慣れていました。昔はベッラにもクレオという妹がいたのですが、食中毒で3歳で亡くなりました。

そしてボーレが登場しました。アッサルは内気で静かな子でしたが、ボーレは好奇心旺盛で遊ぶのが大好き。正反対だからこそ、ぴったりの相棒になりました。

2016年の春、夫マグヌスの原発性硬化性胆管炎が悪化し、家族の生活が大きく変わりました。通院、手術、敗血症、悪寒、心配そして不安……家族全員が打撃を受け、私はそれに対処するためにできるだけの時間を費やしました。笑い声が途絶え、暗い日々が続きました。

アッサルも何かがおかしいと感じたようです。前よりも内気になり、マグヌスのバッグや服、ベッドのマグヌスの側におしっこをするようになりました。私たちはもっと一緒に過ごすことを心がけ、エサも別の種類を試したりしました。ボーレの存在感が大きすぎたのかもしれません。クリスティーナも「アッサルは昔から繊細で、大きな変化が苦手だった」と言います。しばらく友人の家に預かってもらうようにアドバイスされました。

アッサルは前にも、私たちが旅行に行く時に、家族ぐるみの友人ティンタの家で暮らしたことがありました。ティンタは今回も喜んで預かってくれました。そこでアッサルは幸せを見つけたようです。うちで幸せにできなかったのは悲しいけれど、アッサルは家に1匹しか猫がいないほうが合っていたのです。ティンタの家では望んだだけ注目や安心感をもらえました。

２０１７年の12月に、マグヌスは肝臓を移植しなければ生きられないことがわかりました。２０１８年2月には肝臓移植のリストに載り、8月に新しい肝臓そして生きるチャンスをもらいました。

その期間、ボーレが家族の心のよりどころでした。必要な時にはいつもそばにいてくれたボーレ。どうしようもなく涙を流した時、エネルギーが空っぽになった時、マグヌスのいない未来を前にして途方に暮れた時、ボーレはいつもやってきて私の胸に横たわりました。

人生が崩壊しそうになっても、ボーレがここにいる——柔らかい鼻、ふわふわのからだ、そして忍耐強く愛情に溢れた性格。その瞬間の感情を捉える余裕をくれたのです。

ボーレは私が出会った中でいちばん賢い猫で、今まで飼ってきた猫全員が後ろについているようにも感じます。まるで太陽神ラーみたい。

（注）アニマルコミュニケーター：猫が発するシグナルやボディーランゲージ、行動から、病気や痛みなど猫が伝えようとしていることを理解する人たち。猫からのより深いメッセージを読み取れるという人も。

6章 猫と家

私が猫を愛するのは、自分の家が大好きだから。
猫がいつの間にか、目に見える〝家の魂〟に
なるからです。

〜ジャン・コクトー

家に猫がいる喜び

猫なしの生活を強いられたらどんなに虚しいでしょうか。家から柔らかな存在が失われ、遊び心も消えてしまいます。笑い声や日常のささやかな喜びも減るでしょう。本棚はクライミング場ではなく、単なる家具に。ソファでテレビを観ていても、なでる相手がいません。何かが欠けている気がするのです。猫は家族の一員になり、自然に家の一部にもなっています。猫のおかげでもっと家に居たくなります。

仕事から帰ってきた時に猫が出迎えてくれる瞬間はたまりません。嬉しそうな鳴き声はかまってほしいサイン。すぐに上着を脱いで遊んでやらなければ、鼻をこすりつけたり顔を押しつけてきたり。

旅行中には、物理的に何か足りないように感じます。家に帰ったら、小さな子供のように拗ねているでしょうか。お迎えに出てこないかも。

〃猫のいない家――ちゃんとエサをもらって、しっかりなでられて、敬意をもたれた猫のいない家――それは完璧な家かもしれないが、本当に家と言えるだろうか〃

猫を愛した作家マーク・トウェインの有名な言葉です。トウェインは人間より猫が好きだったとも言われるほど。猫の賢さに感動し、その一方でホモ・サピエンスには批判的でした。〝人間と猫をかけあわせれば、人間は進歩するだろうが猫は退化するだろう〟

トウェインはいちばん多い時で19匹の猫と暮らしていました。バンビーノ、アポリナリス、ベルゼバブ、ブラザースカイト、バッファロー・ビル、サタン（！）、シン、サワー・マッシュ、タマニー、ゾロアスター、ソーピー・サル、ペスティレンスなど、立派な名前をつけていました。

著書にも猫が登場します。『トム・ソーヤの冒険』にはピーターという名前の猫が出てきました。旅先では、寂しくないよう猫をレンタルしたそうです。１９０６年の夏にはニューハンプシャー州ダブリンに滞在していました。

トウェインの専門家アルバート・ビグロー・ペインによれば、トウェインはその夏中子猫を3匹レンタルし、１匹はサッククロス（荒布）、あとの2匹は見分けがつかなかったためアッシュ（灰）たちと呼んでいました。

ある時などトウェインが出かけようとしたら、子猫2匹が先に走り、玄関で待っていました。するとトウェインは礼儀正しくドアを開け、軽くお辞儀をしてこう言ったそうです。「どうぞお先に。王様は常に優先だからね」

休暇が終わると、借りていた家の所有者にたっぷりお金を払って、猫たちが9つの人生を幸せに生きられるように計らいました。ところがニューヨーク五番街にある自宅に戻ると、愛猫バンビーノが姿を消していました。トウェインはペンを取り、バンビーノを細かく描写しました。〝大きくて真っ黒。太っていて、シルクのような毛皮。胸のところに少しだけ白い毛の筋が。日光の下では見えづらいが〟

黒猫を連れた人々が門の前に列をなしましたが、トウェインの描写に完全に合致する猫はいませんでした。しかしバンビーノは間もなく自分で帰ってきたそうです。

家の守護者

かつて猫は家や農家を護る存在でした。害虫やネズミを追い払ってくれたからです。農家では他の動物とも平和に暮らし、馬や牛の背中や、日当たりの良い干し草の上で寝ていました。大都市では、猫が窓辺で外を眺めている姿がよく見られます。ハエや窓ガラスに当たる光に夢中になり、外の生活を観察してもいます。

屋外に出る猫は、家族の一員でありながらも外での人生があり、屋内飼いの猫よりも自由で孤高を保ちます。両方飼った経験がある人はそう思うでしょう。

家の中でだけ暮らす猫には運動するためのスペースが必要です。大都市ではほとんどの猫が室内飼いにならざるをえません。外は交通量が多いし、マンションの高層階まで壁を登ってくることはできませんし。エレベーターにも自分では乗れませんし。

在宅勤務をする人が増え、猫と過ごす時間も長くなりました。そばにいてあげられるほうが、猫の日常生活に入れてもらいやすいものです。

風水では「猫が家に調和をもたらす」と言われています。また、悪を遠ざけるためには黒い陶器の猫を北に置くと良いそうです。

孤独＋猫＝強い

2章で触れたターナー博士の話に戻りましょう。動物行動学者として動物の心理に詳しく、獣医師にも講義をしています。72歳（取材時）になり仕事を減らしていますが、チューリッヒ大学の獣医学部の現役教授です。

サンディエゴ郊外で育った子供時代から猫には興味がありました。猫を飼いたかったのに、母親は猫恐怖症で、父親は隣の猫が庭で糞をするのを嫌っていました。

「だから大人になるまで待たなければいけなかった。でもスイスのチューリッヒ郊外の一軒家に引っ越すとすぐに猫を3匹飼いました。ミツィカ、そして18歳で腎臓の感染症で亡くなった茶トラのシンバ、わずか1年で近所の家のプールで溺れて死んでしまったシンバの妹ニラ。あれは辛い出来事だった」

ニラの次にやってきたのが、7年前に亡くなった最後の猫ジョイです。

「今自分が教えている内容とは逆ですが、アパートに引っ越してジョイを室内で飼い始めました。うまくいったように思えたけれど、6カ月後には癌に。あの子を安楽死させるのは人生でいちばん辛い決断でした。獣医が注射をする間、私はジョイを抱きしめていました。そして床を数歩歩いてジョイは倒れました。私は完全に打ちのめされ、ジョイを最後に猫は飼わないと決めたんです。遺灰の入った小さな壺をアパートに置いています」

ターナー博士はボルチモアのジョンズ・ホプキンス大学をコウモリに関する論文で卒業し、チューリッヒで研究者のキャリアをスタートしました。野生生物を専門にして、タンザニアのセレンゲティでライオンを研究するチームに誘われましたが、残念ながら予算の関係で中止に。そんな時、ある朝ミツィカがキッチンテーブルの下から起き上がり、ニャーと鳴いて庭に出たがりました。

「ミツィカを外に出し、その後ろ姿を見ながらつぶやいていました。『ああ、お前がライオンだったらなあ……いや、そうだ！』」

学生たちと一緒にこれまでにどんな猫の研究が行われたかを調べてみると、猫の社会行動についての研究はほとんどありませんでした。あったとしても猫科動物の狩りや殺す方法くらいです。

そこで飼い猫の研究を始めました。チューリッヒ大学で研究を続け、猫のコロニーもつくりました。コロニーでは30匹の子猫が生まれ、3年間観察を続けました。

90年代の初頭には個人で研究教育機関ＩＥＡＰ（応用動物行動学および動物心理学研究所）を設立。これまでに猫の性格や、猫が独りになる必要性について研究してきました。動物行動学者ゲルルフ・リーガーと共同で、猫を飼う独り暮らしの人々を調査し、『独り暮らしの人と猫：人間の機嫌とそれに伴う行動に関する研究』として発表。猫と暮らす47人の女性と49人の男性に綿密なインタビューを実施したものです。

驚いたのは、猫と独り暮らしの女性のほうが、パートナーと暮らしている女性よりも、活発な関係（猫と）を築いていること。結果、独身で猫を飼っている人のほうが、猫とパートナーが両方いる人よりも機嫌が悪くなることが少ないとわかりました。猫は夕食の席になかなか来なかったり、トイレの蓋を開けっ放しにしたりすることはありませんから。ただ一緒にいて、心地よいホルモンを出してくれる存在なのです。

調査では夜7時と9時にアンケートに答えてもらい、その間に飼い猫と交流した場合に気分が大きく改善したことがわかりました。交流というのは具体的には、猫が飼い主の足にからだをこすりつけたり、飼い主と見つめ合ったりといったことです。誰かに嫌なことを言われたりして、悩みに心を奪われてしまうのはよくあること。しかし猫が寄ってきて瞬きしただけで、魔法のように気分が良くなります。

今の社会では孤独やメンタルの不調が大きな問題になっています。ここ数年で何倍にもなり、一方で猫などのペットを飼う人が増えています。

そこに関連があるかどうかという質問に、ターナー博士はうなずきました。

「複数の研究で、孤独な時代において猫や他のペットが重要な存在だということが示されています。猫や犬が連れ合いの役割を果たすのです。1980年代の終わりに同僚のカリン・B・シュタムバッハ（Karin B. Stammbach）と行った研究で、猫がパートナー代わりになる可能性もわかりました。交友範囲の広い人でも猫がそばにいる効果を高く評価しています。75～90％が猫を家族の一員だと考えていて、新聞の死亡告知に猫が載っているのも見かけます。スイスよりもアメリカのほうが一般的ですが」

最近サラ・プラットと共同で行った研究ではまさにその点を調べました。

「犬と比べて猫はもともと社交的な動物ではありません。しかし今では人間や他の猫と一緒に安心できる環境で育ち、10～12週になるまで母猫とも一緒にいられるので、かなり社交的です。つまり猫にも社交が必要。私たち人間が他の猫の代わりになることはできません。だから家の中で飼う場合は必ず2匹にするよう勧めています」

猫のおかげで家も整う

カリーナは、ミアとマグヌムが家に来てから、少し家がきれいになったと感じています。

「猫がからだをきれいにしたり、猫トイレの周りに飛び散る砂をかき集めようとしたりするのを見ているからかも。それに、窓辺で優雅にポーズをとる様子！　マーク・トウェインが表現したように、まさに小さな王様みたい」

そんな猫に触発されて、家をもう少し整えるようになりました。

「前より頻繁に掃除機をかけるようになりました。旅行から帰ってきてもスーツケースを何日も放置せず、すぐに片づける。猫たちはスーツケースの中に入るのが好きみたいだけど。猫からきれいに暮らすためのインスピレーションをもらっています」

猫がからだをきれいにする様子はまるで儀式のようで、見ているだけで癒されます。信じられないかもしれませんが、大人の猫は起きている時間の半分を毛づくろいや見た目のケアに費やしています。母猫は子猫が生まれた直後から舐め始め、おしっこやうんちをできるよう刺激をします。生後4〜5週間になると子猫のほうもきょうだいや母親を舐めるように。舐め合いは大人になってからも続き、猫同士の絆を強める社交活動でもあるのです。

最近はお掃除に関する本が売り上げチャートのトップを占めることもあります。日本の掃除・整理整頓コンサルタントの近藤麻理恵（こんまり）は世界中で有名です。断捨離、掃除、自分自身や家の手入れをすると気分が良くなるのは誰しも覚えがあるでしょう。

こんまりは、猫も気に入るはずのスタイリッシュな掃除用品や洗濯用品も販売しています。２０１９年にはインスタグラムで猫がピンク色の洗濯かごの中に入っている写真を「ほら、本当でした！　猫もこんまりメソッドが大好きです」というテキストと共に投稿しました。

ハッシュタグ#konmaripetsでは、動物を飼っている人が隅々まできれいに片づけるためのヒントをシェアしています。どれもこんまりメソッドに従ったもの。すべて並べて、どれにときめきを感じるのかを見極めるメソッドです。それ以外はゴミ袋へ。そして選ばれたものだけをなるべくきれいに並べるのです。

愛する猫の毛から生まれる作品

猫を飼っていると、家の隅に大量の毛が溜まります。長い毛のサイベリアンが2匹いるおかげで、カリーナは自分史上最高の掃除人になりました。今までより頻繁に掃除機をかけ、コロコロがいつも手近に。毛はどこにでもくっつきます。ベッドに、布団カバーに（サテンが最悪）、マットにソファにアームチェア。嬉しいことではありませんが、ちょっとクリエイティブになって、猫の毛で毛糸でも紡いでみませんか。

最近イギリスの『ガーディアン』紙もこの流行について報じました。旧ソ連生まれのアイリーン・ラーマン（Irene Lerman）さんは、幼い頃に母親に編み物を教わりましたが、猫の毛を使うアイデアが芽生えたのは大人になってからです。ブラッシングしてもらうのが大好きなラグドールのミトンを飼い始めたのがきっかけでした。「ミトンの毛はとても美しいので、ブラシに引っかかった毛を捨てずに集めました。靴箱いっぱいに集まり、毛糸をつくれるかもと思ったのです」

ユーチューブで猫の毛をどうやって紡げばいいかを調べました。犬の毛でもできます。そして友人が飼い犬のイングリッシュ・セッターの毛を一袋持ってきた時にアイデアが溢れ出し、今では自分のウェブショップをもつまでに。愛するペットの毛を送れば、クッションカバーやハンドバッグにしてくれるのです。50～100グラムあれば小さな作品がつくれます。ある女性は亡くなった愛猫の小さなぬいぐるみをつくってもらい、それをベッドに置くと猫が亡くなって以来初めてぐっすり眠れたそうです。猫の毛は健康にもメリットがあります。埃やふけ、ダニを集めるので、アレルギーや喘息発症のリスクが減るのです。もちろん猫アレルギーではない場合ですが。

猫が生み出すルーチン

食べて、寝て、遊んで、トイレに行き、からだをきれいにして、昼寝をして、座って窓の外を眺め、ソファで誰かの膝の上で甘えて、そしてまた食べて、寝て、遊んで——。そんな生活リズムで生きられれば最高ですが、絶えずネットにつながった現代ではあらゆる時間を仕事に食いつくされてしまいます。しかしここでも猫や犬が助けになるのです。

研究者のサラ・プラットは猫のブリーダーにも講義を行い、猫の心理的なニーズ、たとえば自分専用のスペースの必要性などを説いています。猫は生活の大部分を秘密の世界で生きていて、犬のほうは生まれつき人間と一緒にいるようにできています。「ここで誤解が生まれます。よく『猫は孤独を好む動物だ』と言われますが、それは間違いなんです。猫にも犬と同様、社交をするニーズがあります。しかし別の形なんですね。猫側の条件で遊び、対話することです」

猫や犬が一日を形作り、健康的なルーチンを生み出してくれます。アメリカの作家ロイド・アレグザンダーには、エミリー・ブロンテの『嵐が丘』の登場人物にちなんでヒースクリフと名づけた猫がいました。毛の長い大きな野良猫で、一度エサをやったら家の周りに現れるようになりました。家にはすでに猫がいたので、それ以上猫を飼うつもりはなかったのに。

何度もチャレンジしてやっとヒースクリフは家に入ることを許され、なついたのはロイドにだけ。2人の間には無限の愛が生まれましたが、猫はロイドの不規則な仕事時間が気に入らないようでした。作家そして翻訳者として夜遅くまで働き、朝も遅くまで眠る生活。ところが日が昇る前に、重い雄猫がベッドにドスンと落ちてくるようになり……。ロイドは朝の6時にはデスクにつき、夜は早く寝るようになりました。

それからヒースクリフは飼い主を昼寝にも誘いました。午後3時半になると膝の上で丸くなるのです。

「ヒースクリフが膝にのっていると何もできません。それにとても気持ち良さそうなので、自分も一緒に1時間のシエスタを楽しむようになりました。

次第に生活リズムが変わり、人間らしい時間に食事をするようにも。「今までと同じだけ仕事もできているし、妻もヒースクリフも大満足です」

私たちのブレーキ係

「猫は私たちにスピードを落とせと教えてくれます。ただそこに座ってあなたを見つめ、落ち着いたもの。その落ち着きが周りにも広がるのです。犬とちがって猫にはプライベートな生活があり、さらにプライベートな限界を設定します。たいてい人間の言うとおりに行動しませんが、彼らのルーチンと境界線を設定する能力が私たちの精神状態を改善してくれます」とサラ・プラットは言います。

サラは仕事が休みの土曜日の過ごしかたを語ってくれました。ベッドでのんびりコーヒーを飲んでいると、猫のジンジーがそばにやってきて座り、ゴロゴロとのどを鳴らすのです。

猫とのコミュニケーションに言葉はいりません。私たちも自分だけのスペースにいることができます。

「常にくっついて触れていなければいけないわけじゃないんです」サラが強調します。「むしろお互いの空間に敬意を払いましょう。猫が座って瞬きをしたら親密さを感じている証。言った通りに、普通の瞬きなら〝元気よ〟。目を細めたら〝大好き！〟。遠くにいても伝えられます」

スイスのターナー博士も同意見です。博士は「なぜ猫は猫好きじゃない人に寄っていくのか」という質問をよく受けるそうです。

「怖がっている人や固まっている人がいると、猫はそばに寄って反応を見たくなるのです。飼い猫に関する過去の研究でも、猫の目や瞳孔の大きさが多くを語っていることがわかっています。猫と目が合うと、ゆっくり瞬きをしてくれるでしょう。これはスロー・ブリンクといって、その猫が満足していて、心配していない証拠です。人間の心を落ち着かせる効果もあります。しかし知らない人に見つめられると、猫はナーバスになることもあります。一方、怖がっている人は目を合わせるのを避けますから、猫はどうなっているのかを見てみたくなるのです。猫は好奇心が強いと言われるのは、もともと捕食動物で野生の状態なら自分でエサを見つけなければいけないから。あらゆる刺激――たとえば不意に聞こえる音や素早い動き、風に揺れる草などに注意を引かれるからです」

ターナー博士がラボそして猫コロニー、スイスの600軒の猫を飼っている家庭を調査した研究で室内飼いと屋外にも出す猫を比べたところ、室内飼いのほうが飼い主より定期的に交流することがわかりました。

「室内の猫は飼い主を刺激源として見ているからかもしれないと考えました。外で得られる刺激の代わりなのです。しかしどのくらい接触するかは常に猫のほうが決めるもの。私たち人間は猫に近寄ってなでますが、どのくらいなでていてもいいのかは猫が決める。猫にリードさせたほうが交流が増えます」

プライバシーを大切にするのも猫の特徴です。ターナー博士によるとどんな猫でも自分専用スペースが必要。他の猫や人に邪魔されないように隠れられる場所です。私たちだって小さくていいから自分だけの場所がほしいもの。ヨガマットを広げたり、作業小屋や温室なんかも良いですね。外の世界を遮断し、独りになりたい時というのがあります。まさに猫のように。でもそのニーズを忘れがちです。

猫はもっと休憩を取るようにも促してくれます。一日の半分以上寝ている猫ほどではなくても、短い休憩をまめに取ったほうが良いのでは？　次の予定に急ぐ前に5分だけソファでくつろぐとか。仕事を中断するのが苦手なら、タイマーをかけてリマインドするのも良いでしょう。

猫は食べ物にもきちんと一線を引きます。免疫機能が繊細なので、何を口にするかには気をつけなくてはいけません。「犬は道に落ちているものを何でも食べますが、猫はできません」とサラ・プラットも言います。

猫は自立した動物であり、謝ることもなく、存在感を発揮し、からだのニーズを優先します。それは内なるシステムを最高の状態に保つため。室内飼いの猫なら日課、睡眠、遊び、動きのパターンを観察できます。それを自分の健康増進にもつなげられるかもしれません。

この本を書く間、2人で朝の散歩中に「良い習慣がいかに重要か」という話をしました。かといって日課が多すぎるとかえってストレスになります。

ウルリカの場合、決まったルーチンが苦手です。スケジュールを守れないと罪悪感にさいなまれるから。あれを食べないと、これをしないと――そう考えているうちに自分の奴隷のようになってしまいます。それよりもフレキシブルでいることが重要。猫のように起伏に富んだダイナミックな日常です。ルーチンではなくリズム。2時間もトレーニングする時間が取れなければ、日中に少しずつ運動すればいい。思いつきで遊んだり、休憩したりするためのスペースをつくりましょう。

季節や人生の時期によっても生活は変わります。誰もロボットのようには生きたくありません。要求や期待に応えようとするばかりではなく、能力とニーズを結びつけるのが良いでしょう。今に集中して、その日専用のリズムを見つけてください。

カリーナ

いつだって、このままで最高

寝室のドアを開けたとたんに笑っている自分がいます。猫たちを踏んづけてしまうところでした。朝の光の中で、真っ黒なエジプトの像のように座っているんだから。緑の瞳がじっとこちらを見つめています。日曜日の朝8時に、「ちょっと寝坊しすぎじゃない？」と言わんばかりの顔。

マグヌムがおはよう代わりに「ミャウ（お腹が空いた）」と言い、2匹とも脚にまとわりつくので、バスルームに行くまでに転びそうに。外で待っててと頼んでも、ミアは素早く入ってきて、私がまた寝てしまわないように見張っています。

1年前は家に1匹も猫がいなかったなんて信じられない。どれほど空虚だったのでしょう。

エサをやるためにやっとキッチンまで来ました。お水も替えて、トイレ掃除も。すると2匹は満足そうに遊び始めます。互いを追い回してアパートの中を何周かすると、それぞれ陽だまりを見つけて座ります。ミアは窓際で、平和にバルコニーを見つめています。風に揺れる葉っぱ、頭上高く飛びすぎるカモメ。マグヌムはリビングの絨毯の上がお気に入りで、瞑想用のクッションに頭をのせています。

　猫は家をより家らしくしてくれる——そう感じずにはいられません。何の躊躇もなく、どこにも書かれていないフレキシブルな予定にそって動き、休憩場所とお外偵察用の場所を行ったり来たり。リビングの窓、ベッド、ソファ、私のクローゼットのTシャツの棚、息子の部屋、私の書斎……そしてますます家にいる実感を高めてくれます。いつだって、「このままで最高なんだ」と思えるのです。

ウルリカ

「このクソ猫！」

あれから1カ月。私たちは夫マグヌスの新しい肝臓を待ち続けていました。日に日に緊張が増していきます。いつ何時臓器コーディネーターから電話がかかってくるかわからないから常に携帯電話を手離せず、入院用の荷物もパッキングしてあります。夫婦で大事な書類を全部確認し、遺書を書き、万が一の場合はどんなお葬式にしたいかも訊いておきました。

子供たちにもリスクのことは説明しましたが、手術がうまくいったあとの夢もしっかり可視化しました。大きな紙に将来の夢の写真を貼り、マグヌスの調子が良い時には一緒に楽しいことをして、前よりも家族で時間を過ごすように。将来の分まで思い出をつくっておきたい――万が一のために。

マグヌスは犬のハミルトンと散歩をして、猫とじゃれあい、元気な時はトレーニングもして、自分にできる範囲で別荘を改装していました。気を紛らわせるためにドイツの砕氷船の模型もつくり始めました。週に何度か趣味の工房へ通い、そこで小さな部品を研磨したり、塗装したり、接着したりして船を組み立てていきます。ある晩、上甲板の基礎部分を家に持ち帰りました。バルコニーに出して養生するためです。しかしまずそれをリビングの箱の上に置きました。その隣は洗濯物がのった洗濯台で、ボーレがそこで眠っていました。

　私は紅茶を淹れようとキッチンに行き、マグヌスと息子のエドガーは寝る前に本を読むために子供部屋へ行くところでした。エドガーの声が聞こえてきます。「わあ、ボーレはすごく高くジャンプしたね。本棚の上まで登っちゃったよ！」それからベッドルームのドアが閉まり、マグヌスが絵本を読み始めました。

　その時です。

　リビングから大きな音が聞こえました。リビングに戻ると、ボーレが本棚の上から船の模型に跳び降りたところでした。

　マグヌスも駆けつけ、３００時間以上かけて組み立てた模型がバラバラになったものを見つめました。

「嘘だろう!?　このクソ猫！」

　マグヌスは荒々しい足音を立てて玄関に出ると、上着を引っかけ、ドアを乱暴に閉めて出ていきました。私はあわてて追いかけたけれど、階段の下のほうから「独りになりたい！　あとで電話するから！」という怒鳴り声が聞こえました。

1時間後、ショートメッセージが届きました。「今は外で心を落ち着けているところ。だけどこの先数カ月はボーレにエサをやったり、抱きしめたりするつもりはない」

「でも、ボーレはわざとやったわけじゃないよ」と、私は慰めようとしました。

「それはわかってるけど、今は関係ない。またボーレの顔を見られるようになるには時間が必要だ」

3カ月後、夫はまたボーレを抱くようになりましたが、砕氷船の模型が完成したのは新しい肝臓をもらった6カ月後でした。本人の話では計500時間かかり、一度壊されたことでさらに良くなったそうです。

7章 ワイルドキャット

人がトラをなでられるように、
神は猫を創造した。

~ヴィクトル・ユゴー

野生の猫と飼い猫

ワイルドキャット、つまり野生の猫科動物は、飼い猫（イエネコ）と気質、毛皮、足の大きさ、歯の位置などが異なり、飼い猫の方が、ウイルスを介して広がるある種の血液癌への耐性が低いそうです。しかしアジアの野生の猫と近縁なので、交配すれば繁殖可能な子孫が生まれることもあります。野良に生まれたイエネコや野良化したイエネコも広い意味で「ワイルドキャット」と呼ばれます。

中国には野生の猫科動物（ヒョウやトラ）だけでなく、野良猫や野良犬も多くいて、害獣として射殺されることも。昔から料理としても提供され、パンデミックの際には議論が過熱しました。しかし今では猫や犬がペットとして人間と親密になり、２０２０年５月には深圳（しんせん）市が国内で初めて猫と犬の肉の販売を禁止。中国では年間１０００万匹の犬と４００万匹の猫が食用に殺されていますが、中国人の多くは犬や猫の肉を食べたことがないと言います。現在、あらゆる場所での禁止に向けた議論が続いています。

なお、今のイエネコはリビアヤマネコ（フェリス・シルベストリス・リビカ）とヨーロッパヤマネコ（フェリス・シルベストリス・シルベストリス）の子孫です。

フェリス・カトゥス＝飼い猫（イエネコ）は野生の猫フェリス・シルベストリスの亜種だと考えられ、１７５８年にスウェーデンの医師・生物学者・植物学者カール・フォン・リンネによってフェリス・カトゥスと命名されました。なおリンネは猫には興味がなく、犬や他の動物が好きで、ウプサラの自邸にはサルのダイアナとアライグマのシュップを飼っていました。当時らしく、猫をベッドに入れると病気になるか目をえぐられると信じていたそうです。

自分が自分であること

私たちは全員ちがいます。背が高い人もいれば、低い人もいる。おしゃべりな人もいれば物静かな人も。室内飼いの猫のような人、そして野生の猫のような人。好きなものもちがうし、ちがうものに反応し、エネルギーレベルも人それぞれです。私たちが出会ってきた猫たちも一匹として同じではありません。それぞれに独自の個性があります。

猫がすごいのは、周りに適応しようとしない、自分が自分であることを悪びれないこと。その当然のような態度に憧れます。

もちろん不幸な目に遭う猫もいます。敬意をもって扱われなかったり、人を怖がるような経験をしたり、恐ろしい状況下で暮らしたりしなければならないことも。そうすると攻撃的になりますが、どのような運命であれ、まさにサバイバー。常に足で着地し、人生を生き、経験し、生き延び、楽しむようにプログラミングされているのかもしれません。

落ちた時には「立ち直り反射」というのが起きます。逆さになったからだを反射的にひねる反応で、まず頭を回転させ、顔を守るために前肢が上がります。次に背骨をひねり、後肢を曲げて、4本の肢すべてで着地に備えます。そして衝撃がくる寸前に肢を伸ばし、背中を丸めて衝撃を和らげます。落ちている間はしっぽが釣り合いを取るためにおもしのように回転しています。

その一連のプロセスがあっという間、1秒の8分の1で起きるのです。発達した方向感覚のおかげで、空中でも地面に対して身体がどういう位置にあるかがわかるのです。

私たちも猫のような俊敏さを鍛え、足が地に着くように訓練しましょう。

猫のように柔軟になるための
ヨガエクササイズ「猫と牛」

これは内側から身体を温め循環を良くしてくれるため、多くのヨガ・クラスで採り入れられているエクササイズです。

1. 四つん這いになります。
2. つま先を床につけ、骨盤を軽く前に傾け、胸を前に伸ばし、息を吸いながら肩甲骨を後ろにそらせます。
3. 足の甲を床につけ、息を吐きながら猫のようにゆっくりと背中をスライドさせて丸めます。
4. 呼吸に合わせて2～3を5回繰り返します。

歴史に登場する猫たち

交流電力システムを開発したことで有名なアメリカの科学者で発明家のニコラ・テスラは1939年に友人に宛てた手紙の中で、幼い頃に飼っていた猫マチャクのことを語っています。〝ある晩マチャクの背中をなでていると、突然驚くべきことが起きた。マチャクの背中が光のシートのように見え、私の手からパチパチと火花がシャワーのように散った。それでエネルギーに興味が湧き、それ以来ずっと考えている。電気とは何だろう、と〟

歴史の本に載ってしまった猫は、他にも〝ルーム8（エイト）〟がいます。1952年、カリフォルニア州エリシアン・ハイツ小学校の8号室に1匹の野良猫が迷いこみました。子供たちは猫をとても可愛がり、教室の名前をつけました。ルーム8は学期中は学校に暮らし、教師と生徒に世話をしてもらいました。夏休みは姿を消しますが、新学期が始まると戻ってきます。ルーム8は大人気で、学校に1日100通ものファンレターが届いたそうです。

多くの有名な作家や芸術家と同じように、パブロ・ピカソもまた猫をミューズとみなしていました。大の動物好きでサル、犬、飼いネズミ、カメ、フクロウ、そして複数の猫（シャム猫がお気に入りでした）がアトリエに。友人への手紙にはこんなことを書いています。〝人間の大人はアトリエに入れたくない。物を壊すし、不可解なコメントをしてイライラさせられるだけだから。猫と子供だけが自分がつくったものを理解し、何も壊したことがない。彼らはいつだって歓迎だ〟

　レオナルド・ダ・ヴィンチも猫にインスピレーションを受けました。ロンドンの大英博物館所蔵の『The Virgin and Christ Child with a cat（猫と聖母マリアと幼子キリスト）』には、猫を抱く赤ん坊のイエスが描かれています。

野良猫ボブ

　野良猫ボブの物語は本にも映画にもなりましたが、人間と猫が互いを救った感動的な実話です。

　ジェームズ・ボーエンはミュージシャンになることを夢見てオーストラリアからロンドンにやってきたのに、そこで人生が狂ってしまいます。逆境が重なり、ついにはヘロイン中毒に陥ってしまったのです。

　2007年、なんとか小さなアパートを借りることができ、また薬物依存にならないようもがきながら生きる意味を探していました。ストリートミュージシャンとして生計を立てる日々。ある時、アパートの近くで茶トラの猫がケガをして丸くなっているのを見かけました。次の日もまだいたので家に連れて帰り、エサをやり、近所の人に訊いて回りましたが、誰もその猫の飼い主を知りません。ボブという名をつけ、調子が良くなるまで世話をして、その後逃がしてやろうとしました。

しかしボブはジェームズのあとをついて回るようになり、やがて2人は切っても切れない仲に。不思議な、時には危険な冒険によって1人と1匹の人生が変わり、過去の傷をゆっくりと癒していきます。野良猫ボブのおかげでジェームズは薬物から解放され、人生をやり直すことができました。

奇跡の猫・トレスの不思議な旅

リンダ・ヴィクストレーム・ニールセンと夫のヤンはスウェーデンのエルムフルトに2人の子供と猫のトレスとメッシと住んでいました。2017年の夏休み、イタリア旅行へ行く時に2匹を約100キロ離れた知人の家に預けたところ、トレスが行方不明になり、何日経っても帰ってきません。一家は気が気ではありませんでした。イタリアから戻るとあちこちに猫を捜していますという貼り紙をして、捜し回りましたが見つかりません。メッシだけを連れて自宅に戻ることになりました。

その2年後、なんとトレスが発見されたという連絡が。マイクロチップのおかげでトレスだと判明したのです。場所は預けていた家から70キロも離れていて、むしろ自宅に近い場所。猫の足で2年かかる距離でした。

自宅のあるリッコ（幸運）通りに戻ってきた時、トレスは疲れきり、数日間動くことができませんでした。動物病院で水分補給をしてもらい、検査の結果どこも悪いところはなく、一家はほっとしました。勇敢なトレスがついに家に帰ってきたのです。地元新聞には〝2年間行方不明だった奇跡の猫トレス〟という見出しが躍りました。

〝トレスは強くて独立心旺盛、プライドの高い猫です。誰の膝にでものるわけではなく、いつ誰のそばにいたいかは自分で決める子です。長い旅を終えて自宅に戻り元気になると、私の胸に上がってきて、前肢を頰に当てました。まるで「ぼく、帰ってきたよ」と言うように〃

ウルリカ

クレイジーでワイルドな猫、クレア

2020年の夏、家族で田舎の別荘で過ごしていました。私は娘のオリヴィアとベランダでのんびり朝食を食べていて、夫のマグヌスは離れで犬のハミルトンに応援されながら機械いじり。ボーレは少し離れたところで陽の光を満喫しています。

ネットで可愛い猫動画を観ていると、ヒョウのような猫に目を奪われました。そのパワーとワイルドな容姿、気品に満ちた動き――ベンガルという品種のようです。オリヴィアの目も輝きました。

「ママ、私も自分の猫がほしい。そしてベンガルがいい。高いのは知ってるけど、もうすぐ15歳の誕生日だし、自分のお小遣いでも少し払うから」

でも今は家族のバランスが取れていて、新しいペットを考えるようなタイミングではないはず。しかし息子のエドガーもこう言います。

「もちろん考えられるよ。愛ならいくらでもあげられるでしょう」

夏休みが終わって新学期が始まると、オリヴィアは学校の勉強がますます大変になり、親友が病気になったこともあって塞ぎこむように。冬休みには家族でたくさん話し合い、その時にオリヴィアはまた自分の猫がほしいと言い出しました。猫の世話には癒しの効果があり、不安や気分の落ちこみにも効くことを自分でも調べていたのです。自分の猫を飼うことで、現状から抜け出せると思ったのかもしれません。

最初マグヌスはきっぱりダメだと言ったし、私も同意できる立場にありませんでした。さらに日が経ち、オリヴィアもそれ以上しつこく主張するのはやめたようでした。

数カ月後、南アフリカに旅行した時の写真をマグヌスと見返すことがありました。ヒョウの母親と2頭の小さな子供たちが写っています。密猟者から救出され、私たちが訪れた保護区で暮らしていたのです。私たちは遠くから母親が動き回るのを見つめ、そのエネルギーと気高さに圧倒されたのを思い出しました。その写真で心に火が灯り、顔を上げるとマグヌスも同じだったようです。これは家族に新しいパワーが必要だというお告げでしょうか？

数週間後、クレアがうちにやってきました。クレイジーでワイルドで、遊ぶのが大好きなベンガルの女の子。オリヴィアは死んでしまったクレオに敬意を表して、その子をクレアと名づけました。

クレアのおかげで日々の生活に爽やかな風が吹き始めました。ケージから出ると自信満々にアパートの中を歩き回り、確認しています。それからオリヴィアのベッドに横になり、遊び始めました。まるでずっと前からここに住んでいるみたいに。

　クレアは犬のハミルトンとも上手に遊びます。ボーレの運動量を増やしてくれ、ボーレのほうはクレアに安心を与えているよう。家にまた笑い声、何かをやりたいという意欲、人生そして目の前にあるものへの感謝の気持ちが戻ってきました。

カリーナ

野生に還ったような2匹

夏になり、私は猫を連れて田舎の別荘に向かいました。今回はアンデシュは一緒ではありませんが、猫経験豊富な妹と母親がついてきてくれました。今回はミアとマグヌムを外に出してみようと思ったのです。都会のアパートで猫を飼う友人たちは皆、夏の間は別荘で外に放しています。

アンデシュがさっそくGPSつきの首輪に投資しました。かなり高い買い物になったのは、私がうっかり2年間のサブスクリプション×2匹分をクリックしてしまったから。なんとしてでも首輪を活用しなければ。

今までにもハーネスをつけて外に出たことはあって、その時はそれでうまくいったように思えました。ミアがバラの花壇を掘り返して、マグヌムはそれを見つめていただけ。ミアのほうが足が速く、ブルーベリーの森に突撃したがる時もありましたが。まあ、どうなるかやってみましょう。

GPSのアプリをダウンロードして、準備完了。2匹を外に出すと、固唾(かたず)を呑みました。あまり遠くに行くようなら、母も出動する態勢です。最初の2、3分はおとなしくそのあたりにいたかと思ったら、突然いちばんとげとげの藪に飛びこみました。そっちはあと10メートルで国道なのに。私ったら何を考えていたの――もちろんそっちに向かうに決まってるじゃない。国道では車がスピードを出しています。最悪。すぐに捕まえなきゃ！

本当に最低のアイデア――。私はパニックに襲われました。夫が死にかかっているというのに。ここ1カ月、検査結果は見間違えようがありませんでした。残された時間はあとわずか。おまけに猫まで死んでしまうの？

GPSアプリには〝ミアが仮想フェンスの外に出ました〟という通知が。もう後戻りはできない――。私は覚悟を決めてとげとげのジャングルへと向かいました。前進あるのみ！　とげが腕に長い線を引いていきます。ああ、あそこにミアがいた。さあ捕まえた！　手に柔らかな毛皮が触れたとたん、ミアはウナギのようにすり抜け、まるで私をあざ笑うかのように逃げていきます。鬼ごっこして遊びたいの？　それならミアのほうがずっと優秀な遺伝子を備えています。ターンもすごく速くて。

私は母を呼び、今何時かと尋ねました。あと1時間でここのテラスでヨガをするために25人お客さんがやってきます。最悪のタイミング。私の心臓はどくどくと波打っています。だけど猫たちを見失うわけにはいかない――。

◆◆◆

私はさらに茂みの奥へと潜ります。これはもう命がけの闘い。ミアはついに人生の目的を見つけたと言わんばかりに、野蛮な瞳で跳び回っています。このあたりでいちばんとげとげの藪の中での鬼ごっこ。私がいくら突進しても、ミアのほうが素早いのです。ああ、また1台車が……。私はショートカットをして、やっとミアを捕まえました。同時に鋭い枝が私のももを切り裂き、血が流れ、マグヌムが数メートル離れたところで驚いた顔をしています。マグヌムのほうが私に同情してくれているみたい。

家に入ると、私は高価な首輪を箱に投げこみました。もう二度と見たくない――。ネットオークションで売り飛ばそう。猫たちには「また外に出してあげる」とは約束しました。でもリードはつけて。2匹はふかふかの絨毯に座り、黒い長い毛皮についた葉を舐めて外しています。そして満足そうに私を見つめたのです。2匹にとっては人生最高の日だったにちがいありません。

8章 ケアキャット

幸せな契約：多くの人は他の人間より猫が好きで、猫の多くは他の猫よりも人間が好き。

〜メイソン・クーリー

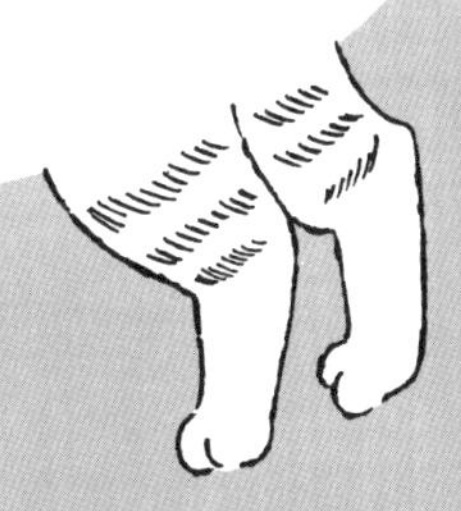

猫の癒しの力

病を患うと、猫の癒しやサポート力を実感させられます。普段より心が弱い時に、誰かの近くにいることがいかに大事かがよくわかるのです。

「私たち人間は、動物と暮らし世話をするようプログラミングされている」と精神科医のジェームズ・A・ナイト（James A. Knight）医師は言います。今では自然や動物と調和して生きることが当たり前ではないからこそ、それを覚えておくことが大切なのでしょう。

猫はうつや認知症の患者、読み書きの困難など特別支援が必要な子供の支えにもなることが証明されています。犬も医療分野で素晴らしい活躍をしていますが、猫のほうが普段の世話が簡単。エサと水があり、用を足せる場所があれば、あとは基本的に自分で生きられます。

ウルリカの友達がボッセという猫を飼っています。ゴミ箱の中でビニール袋に入った状態で発見され、栄養失調で衰弱していました。当時は人が近づくと引っかこうとしましたが、愛情たっぷりにお世話をすると、人を信頼するようになりました。

ニーズさえ満たされれば、新しい家を見つけ、悪い経験を跳ね返し、2度目のチャ

ンスをつかむ――そんな猫の話はよく聞きます。私たち人間も、飢え死にする可能性は低くても、人生のどこかで現実に圧倒されることがあるはず。病気、悲しみ、裏切りといった挫折を経験し、どうしようもない絶望にさいなまれるかもしれません。自分の魂を大切にし、基本的なニーズを満たし、人生でいちばん風が強い時期にも一歩ずつ進んでください。しなやかに、慎重に。そして猫のように足で着地しましょう。

死に寄り添う猫

大事な使命を見つけた猫もいます。本当に困難な状況にある人たちを助け、サポートする猫たちです。

統合失調症や認知症患者の介護施設では、

セラピーキャットや介護猫が活躍しています。『オスカー――天国への旅立ちを知らせる猫』という本があります。老年医療専門医のデイヴィッド・ドーサ氏がその猫の話を『ニューイングランド・ジャーナル・オブ・メディシン』誌に掲載して注目を集めました。白と茶のぶちのオスカーは瀕死の患者をそばで見守ってきました。あと数時間しか生きられない患者の部屋の前をうろうろして、ベッドに跳び上がり、患者に寄り添うように丸くなるのです。

〝デイヴィス夫人の隣で丸くなっているオスカーを見て、古代エジプトで一緒に埋葬された猫のことを思い出しました。とても穏やかな光景でした。「オスカーは死に瀕した患者とだけ過ごすの」と看護師メアリーは静かに語りました〟(『オスカー』より)

「複数の研究から、介護施設に動物がいるのは非常にポジティブな要素だとわかっています。認知症だけではなく、うつや凶暴性を軽減するのにも一役買うのです」ドーサ氏はインタビューで語っています。

ドーサ氏が勤めるプロビデンスの認知症患者ホーム「スティアーハウス」では、早い段階から動物を採り入れていました。皆が集うリビングでは鳥かごの中で小鳥が鳴き、本が書かれた2010年当時には合計6匹の猫がいました。ことの始まりは、ホームの建設中にたまたまやってきた野良猫が、完成しても出ていこうとしなかったこと。このヘンリーが最初の猫になりました。ヘンリーが亡くなるとホームが空っぽになったように感じられたので、その穴を埋めるために6匹の猫を引き取り、その中の1匹がオスカーでした。

オスカーは甘え上手なタイプではなく、どちらかというと不機嫌な猫。しかし患者が死に瀕していると、普段なら内気なオスカーがドアの前に立ち、かりかり引っかいて「中に入れてほしい」と頼むのです。ベッドの足元のほうに跳び上がり、寝そべります。ゴロゴロのどを鳴らし、患者が息を引き取ると部屋から出て、お気に入りの場所であるメアリーの部屋に帰ります。

「患者の死期が近づいたことに最初に気づいたのがオスカーだったということもあります。これまで100人以上の死に寄り添ってきました」と、ドーサは言います。

猫が死を招いているのではという憶測もありましたが、すぐに否定されました。このホームの患者は全員歳を取っていて重い病気を患っています。あと数日、数週間、数カ月の命なのです。オスカーはその中でもあと数時間しか残っていない人の元へ行きました。

ドーサら専門家は、猫がどのように死を予知するのかを調べようとしました。発せられる匂いに猫が反応するという仮説もありますが、猫にはやはり第六感があるのかもしれません。

孤独を癒す猫

カリーナの祖母のブリッティは若い頃からとても活動的で社交的な人でした。自分でも自分のことを快活だと評していたくらい。スクエアダンスを踊り、子供のように飛び回り、誰よりも幸せで、温かく、好奇心旺盛な人でした。しかし90歳を過ぎると、徐々にそれが消えていきました。コンロで鍋を焦がしたり、誰かに宝石を盗まれたと言い張ったり。さっき言った事も思い出せないことが何度もあり、祖父は腹を立てました。症状は徐々に悪化し、汚れた服をずっと着て、私たちの名前も思い出せなくなり、ケアホームに入ることになりました。そこではぬいぐるみが入居者に大人気で、小さな犬のぬいぐるみが手から手へと渡っていました。あまり衛生的とは言えませんが、とても喜ばれていたのです。その後、祖父も同じホームに入り、それで祖母はすぐに明るさを取り戻しました。

そして祖父のほうが先に亡くなりました。１００歳を迎えた頃に夜遅くにトイレに行って倒れ、その後はもう身体が耐えられなかったのです。祖母はまた孤独になり、シャワーを拒否したり、声を荒げたり。今になって、あの時ホームにセラピー猫がいたらちがっただろうかと思います。せめて小さなロボットの子猫とか。

認知症は世界中で大きな問題になっています。２０１９年のＷＨＯ（世界保健機関）の調査では患者の数は５０００万人以上。しかも毎日１万人増えています。そして猫が認知症の患者の役に立つことがわかってきています。

生きた猫を飼えなければ、ロボットという選択肢もあります。スウェーデンの〈カマニオ社〉と、〈エイジレス・イノベーション〉が協力して、認知症の高齢者に喜びと安心を提供するセラピーキャットを開発しました。２７００クローナで本物そっくりの猫を買うことができるのです。

ロボットは猫がのどを鳴らす音を出し、膝にのせると振動も感じられます。毛皮も本物そっくり。センサーが内蔵されているので、なでると反応します。

このセラピーアニマル（犬バージョンもあります）は研究にも採り入れられ、心配や不安、孤独感、社会的孤立を解消することがわかっています。生活の質も向上し、お年寄りと家族の交流も増えました。

今の社会では孤独が蔓延していますが、社会的に孤立した人の死亡率は29％も高く、高血圧、心臓病、肥満、免疫力の低下、不安、うつ病、アルツハイマーなど、さまざまな病気の可能性が高まります。〈エイジレス・イノベーション〉の調査では、デジタルであってもペットとの交流で不安や心配が軽減され、高齢者の幸福と生活の質が向上するという事実を示す研究が10件以上紹介されています。記憶力が改善し、薬の量も減るのです。

陰鬱で怒りっぽかった患者が、小さな可愛い猫と交流するようになって笑うようになりました。昔ペットを飼っていたことを思い出し、猫と一緒に寝たがるお年寄りもいます。

セラピー犬のほうが一般的ですが、猫の利点は世話が簡単で適応力もあること。アメリカには猫にセラピーアニマルの証明書を発行する団体があります。受験資格は1歳以上で、患者と6カ月以上暮らしていること。突然音がしたらどんな反応をするか、狂暴な性格ではないかなどがテストされます。

「thecatniptimes.com」というサイトにはセラピーキャット、ラウルの話が載っています。ラウルは学校で、読み書きが困難な子供や特別支援が必要な子供たちをサポートしています。インスタグラムのアカウント（@raultherapycat）もあります。ラウルは老人ホームでも働いたことがあり、ヘロルドという老人は昔猫を飼っていたので、ラウルが来たことをとても喜びました。そしてまた笑うようになったそうです。

スウェーデンにもケアキャットはいますが、まだきちんと制度化されていないので、熱意のある人が自主的に行っており、自治体のルールにも左右されます。定年退職した政府の調査官スサンヌ・ガイエ（Susanne Gaje）氏が『ケアホームの猫』（２０１８）という報告書を出しています。

スサンヌは猫のいる老人ホームで2年間大規模な聞き取り調査を行い、お年寄りと猫の関わりを調べました。結果は明白で、猫は老人ホームに心の落ち着きと幸福感を広め、〝孤独感、そして遺憾ながら一部の人が受ける人生の苦しみを和らげている〟という結論です。同様のテーマの著書でもこう記しています。

〝その90歳の男性はずっと猫を飼っていました。老人ホームに入った時、スタッフが自分の子猫を1匹連れてくると、子猫を飼えることに大喜びしました〟（『老人ホームの猫たち』より）

ある晴れた春の日、私たちはストックホルムの郊外でスサンヌとクリーム色のラグドール、ノオミに会いました。キッチンには焼きたてのルバーブパイの香りが漂っています。スサンヌは資料をテーブルに並べ、コーヒーを注ぎ、両側性肺炎をこじらせた時のことを語ってくれました。

「ノオミは一緒にベッドにいてくれました。病気の間、どれほど支えになってくれたか。夫はパーキンソン病なので、ノオミの存在がとても大きかったんです」

スサンヌは経済学者で政府所属の調査官だったので、調べ物は得意です。肺炎から回復すると、セラピーキャットのことを調べ始めました。

犬に関する研究はすでにありましたが、猫の共感力についての論文はあまり見つかりませんでした。しかし猫のオスカーの話を読み、スウェーデンの医療機関はどうなっているのかと興味が湧きました。

キッチンの窓では太陽が明るく輝き、スサンヌがロールカーテンを下ろしてくれました。

「これ、誰かわかる?」ロールカーテンに印刷された写真には、ご飯と小皿の並ぶ低い食卓、そして2人の若者が写っています。「私と夫のレナートよ。まだ25歳にもならない頃ね。大学で知り合ったところで、初めての長い海外旅行。日本に行ったんです。まだ知り合いは誰も日本には行ったことのない時代」

レナートは今では2時間に1度は世話が必要で、スサンヌにとって猫のノオミがますます重要な存在になりました。ノオミはレナートにそれほど愛着はないそう。あまり反応が返ってこないからかもしれません。病気になる前にちゃんと知り合う時間がなかったのでしょう。

「私が聞き取り調査をした老人ホームでは猫の存在が非常に大きいようでした。入居者は猫がちゃんとエサをもらったかを気にかけたり、どうすれば人間と一緒に食卓につけるかと話し合ったり。長い間一言も発していなかったお年寄りが、『あ、猫だ！』と言ったこともありました。それに猫はスタッフのことも癒してくれます」

猫に対して否定的だったホームは1軒だけでした。その猫が怖がりで内気だったからでしょう。重い認知症の患者ばかりの病棟には合わず、結局スタッフが引き取りました。

聞き取り調査の中で、オスカーのように入居者の死が近づいたのをスタッフより先に気づいた猫がいるという証言もありました。

２０２０年にはパンデミックの影響を調べるため、再び同じ老人ホームに連絡を取りました。すると、29軒のうち22軒にはまだ猫がいました。何匹かは死んでしまったのですが。

コロナ禍の間、猫は普段よりさらに重要な存在だったようです。抱きしめられる相手は猫だけだったのですから。お年寄りたちは自分の部屋にこもり、一日中テレビを観ていました。隣の部屋の人が亡くなったことにも気づかなかったお年寄りもいたほど。1年近く訪問禁止が続き、孤独にさいなまれていました。それでも部屋から部屋へと訪ねてくる猫を抱きしめることはできました。

猫カフェの驚くべき健康効果

日本や韓国、イギリス、アメリカには猫カフェがあちこちにあり、ルールを守った上で猫と触れ合うことができます。韓国ではうつの患者さんに猫カフェを勧めることもあるそうです。

ストックホルムにも猫カフェ〈ジャヴァ・ウィスカーズ〉があります。私たちは木曜日の15～16時の枠を予約。店長のミシェルが出迎えてくれ、オーツミルクの美味しいカプチーノをつくってくれました。ミシェルはつい数カ月前、海外進出の第一歩、ロンドンでの出店を手伝ってきたところです。

アイデアが湧いたのは２０１８年。創業者3人はスウェーデン国内でトランポリンパークを10店舗展開して成功し、新しい事業を探していました。そんな時にイギリスにある猫カフェのことを友達から聞き、スウェーデンには猫カフェがないことに気づきました。コンセプトはシンプルです。猫のためにもお客さんのためにもなる体験――ブランディングのイメージが完成しました。

「こんな風に動物と触れ合うことで得られる健康効果をいちばんに考えました。オアシスを創りたかったんです。それに人を癒すだけでなく、猫の新しい家を探すこともできます」

日本では1軒の猫カフェに猫30匹と人間60人が入りますが、〈ジャヴァ・ウィスカーズ〉はのんびり落ち着いた雰囲気を大切にしています。1度に9匹以上の猫がいることはなく、最高の体験をしてもらうためにお客さんの数も制限しています。

カフェの猫は引き取ることができます。そう、たった今ガラス壁の向こうでこちらを見つめている愛くるしい猫を自分のものにできるのです。

痩せたグレーの、だけどとんでもなく可愛い猫テディ。まだ数カ月の頃にストックホルムのゴミ収集場で発見されました。

「ここに来たばかりの頃は威嚇するばかりで、近寄ることもエサを食べさせることもできませんでした。何もかも怖がっていて……12週間してやっと触らせてもらえたんです。ここにやってきた時には怯えていた野良猫が、目を見張るような変貌を遂げます。ひどい扱いを受けてきて、人間や他の猫への信頼がゼロだったのでしょう。でもしばらくすると心を開きます。初めてテディがなでさせてくれた時は泣けましたね。もう絶対に無理だと思っていたので、すごく感動した。そんな猫はこの子だけではありません」

他にも4匹の子猫が同じ経過をたどったそうです。人間に馴れていない怖がりの猫でも、他の猫たちと一緒にいることで安心できるようです。怖くない人間もいることを、他の猫たちが教えてくれるのです。

「この仕事をしていていちばん嬉しいのはそこかな。動物がまた人間への信頼を取り戻す姿を見て、自分もエネルギーをもらえます」

猫が人生をやり直せるなら、人間だってできるはず――ミシェルが語るのを訊きながら、私たちは感じました。

「うちからもらわれていった猫たちの様子を知らせてくれる飼い主さんが多いのですが、新しい家でのんびり横になったり、なでられたり。そんな素敵な写真が送られてきます。それにカフェに来るお客さんも帰る時には笑顔を浮かべ、ストレスも減ってリラックスしています。これ以上の経験はないと言ってくれて。大都市のストレスから離れて、知らなかった新しい世界を体験できたと」

スタッフの記憶に鮮やかな猫がいます。数日前に新しい家族に引き取られたエルヴィス。スコーネ地方で保護された野良猫10匹のうちの1匹で、全員がとても人間を怖がっていました。しかしこのカフェに来て、エルヴィスはリサという猫と友達になりました。まるで恋人同士みたいに仲が良くて、2匹とも同じ家族に引き取られました。

「お別れはとても悲しかった。私は最初からあの子の世話をしていて、名前もつけたから。でも最高の家族が見つかったし」

スウェーデンには約10万匹の野良猫がいて、この1年で数百匹の猫が〈ジャヴァ・ウィスカーズ〉から新しい家にもらわれていきました。

NPO〈動物に新しいチャンスを〉がこのカフェに合いそうな猫を選んでいます。お客さんが猫を気に入っても、その日に連れて帰れるというわけではありません。申請や手配に時間がかかります。

カフェでは、猫のいるスペースに入る前にルールの説明があり、それから手を洗い、靴を脱ぎます。中では猫の意思を尊重して遊び、人間が邪魔をしたりエサをやったりしてはいけません。

あるテーブルには若いカップルが座っていて、それぞれの膝で猫が眠っています。2人はうっとりとした表情で、前は猫を飼っていたけれど、今は家が狭くて飼えないことを教えてくれました。

隅のテーブルにはおばあちゃんが独りで座っていました。猫たちを見つめながら、人生を思い返しているかのよう。そのうちに窓際で寝ている猫に歩み寄り、なでました。すると猫はお腹を見せて、最高にリラックスした様子です。

猫用につくられた高い棚に上がっている猫もいます。棚のいちばん上は部屋中ぐるりと回れるようになっていて、私たちはうなずき合いました。高いところに上れるようにするのは、動物行動学者のイエリン・ヒシュのアドバイスにもあったとおりです。

カフェの中は時が止まったかのよう。誰もが小声で話し、猫のようにしなやかに静かに動いていています。カップががちゃがちゃいう音も聞こえません。10歳以下の子供は入場できないようになっていて、落ち着いた雰囲気と静けさを大切にしています。流れているのは心地よい音楽。カフェというよりもスパにいるみたいな感じです。

棒の先に紐がついた定番のものから、猫が大好きなごく普通の段ボール箱まで、猫用おもちゃがいくつもあります。ああ、テディがやってきました。数カ月前はごみ収集場にいたテディ。警戒しつつも、私たちへの好奇心を抑えられないようです。

ここの猫はカフェが閉まってから10時間、自分たちだけで落ち着いて過ごすことができます。

「早めに出勤して猫と遊ぶスタッフが多いです。猫と過ごすのが何より楽しいし。猫がスタッフやお客さんに与えてくれる幸福感はこのビジネスの中核なんです。辛い時期にある人もここへ来ると安心できる。猫が癒してくれるんです」

いつもとはちがうデートを楽しみたいカップルもやってきます。バレンタインデーは予約で満席だったそう。

　この〈ジャヴァ・ウィスカーズ〉はストックホルムのスールブルンス通りで2019年に開業しました。ロンドンでも2020年にグレイト・ポートランド・ストリートにオープンしましたが、コロナ禍ですぐに閉めることに。2021年5月にやっと本格的にオープンできました。

　オーナーの1人、トビアス・ラーションも私たちのテーブルに来てくれました。

「思ったよりも世間の注目を浴びました。お客さんからメディアまでね。オープン時にはあらゆる新聞やテレビ局に取材されたんです」

　これまでもメッセージ性のあるポジティブな事業を開拓してきた彼ら。猫カフェの前に手がけたトランポリンパークは、「子供や若者にもっと運動する機会を」というのがコンセプトでした。

「猫カフェの事業では猫を助け、お客さんを幸せにできます。先日は普段工事現場で働く男性が来たんですが、今まで猫を触ったこともなかったのに、ここの雰囲気が大好きになり、帰りたくないと」

　雰囲気づくりはインテリア会社が担当しました。猫が登れるようなしかけをたくさん作り、お茶を飲みに来る人にとっては「ミィーシグな（心地良い）」リビングになるように。壁にはミニマリスティックな絵画がかかっています。モチーフは歌手のジョン・レノンからファッションデザイナーのイヴ・サンローランまで、猫好きの有名人ばかりです。

トビアスも家でダフネという猫を飼っていて、1年の半分はそこで子供たちと暮らし、あとはロンドンで新しいパートナーと暮らしています。

ロンドンでは〈スクラッチング・ポスト（爪とぎ柱）〉という猫ホームに新しい家が必要な猫を提供してもらっています。

「猫をほしがる人が大勢いるので、最適な家庭を選ぶことができます。大事なのは猫のニーズに合った家を見つけること。たとえば毎日外に出たい猫もいますから」

トビアスの印象に残っているお客さんは、医者に猫カフェに行くよう勧められて来た方。ひどい不安障害に苦しんでいて、様々な治療法を試したけれど「猫がいちばん良く効いた」という感想をもらいました。

猫のセラピー効果

人から裏切られたことのある人、他人を信じられなくなる経験をした人もいます。そのせいで安定した人間関係を築くことが難しくなりますが、そこで動物の存在が重要になってきます。ペットは脅威を感じさせません。それに動物好きな人同士で関わることで信頼を築くこともできます。

家庭で暴力を経験した子供は、将来自分が暴力を振るうリスクが高まるだけでなく、精神的に不調をきたすリスクも高くなります。

ターナー博士は猫がうつ病の人の支えになるのを見てきました。ただし、まずは患者のほうの心の準備が整っていなくてはいけません。

「それであれば猫が回復の大きな手助けになります。猫は相手を観察し、その人が望むレベルの社交に合わせてくれる。猫にエサをあげて、たまになでるだけでいいなら、猫はそれを受け入れます。本当はもっと遊んだり抱きしめられたりしたいと思っていてもね。人間のほうがもっと猫と触れ合いたければ、それも大丈夫。猫があらゆるタイプの人に合わせられるということ自体がセラピー効果。猫は無理をしないんです。ただそこにいてくれるだけで」

数年前にアメリカで行われた調査では、開業医や自治体勤務の心理療法士の大多数がクリニックで猫を飼っていることがわかりました。猫は交流の機会にもなり、患者との対話に参加することも少なくありません。

そう、猫が私たちの心を強化してくれるのです。

ウルリカ

2度目の生きるチャンス

午後の4時過ぎに電話が鳴りました。外科医から、夫マグヌスの移植が成功したとの連絡――。夜には会いに来てもいいということでした。

子供たちと長いこと抱き合ったまま、心臓が激しく打っています。何も感じない、同時に何もかも感じる――まるで人生が振り出しに戻ったような気分。

マグヌスの回復は早く、数日後には退院しましたが、ここからまだまだ長い上り坂が待っています。私は子供やペットの世話、家のことをすべてやって、その合間に仕事やいちばん大事な事だけをしました。


9月に最初の拒絶反応が起き、マグヌスはまた入院し、コルチゾンを最大限に投与されました。免疫システムをストップさせるのです。Control+Alt+Deleteでパソコンを強制終了するみたいに、強制的に身体に新しい臓器を受け入れさせる治療です。幸いうまくいって、10日後には家に帰ってきました。入院中、ハミルトンとボーレはベッドのマグヌスの側で一緒に寝るようになりました。毎晩マグヌスの場所を温めてくれているみたいに。マグヌスは帰ってくる――そんな希望を与えてくれる気がしました。

11月にもまた同じことが起き、ペットもまたマグヌスの場所で寝ました。

そして12月にも同じことが――。私はもう気力もエネルギーも残っていませんでした。それはマグヌスも同じでした。

今度は拒絶反応ではなく血栓。朝と夕方、ペットにエサをあげる時にマグヌスのお腹に注射をするのが日課になりました。エサの時間のおかげで、薬と注射を忘れずにすみます。小さな注射器、カプセルの色は白、オレンジ、黒で、針の容器のロゴがオートバイのハーレーダビッドソンのロゴに似ていました。「これを乗り越えたらオートバイに乗る」そういうお告げだと考えるようにしました。「ハーレーダビッドソン・ロードキングを買う！」

ズボンのボタンを外すたびに、2人の合言葉は「ハーレーダビッドソン、ハーレーダビッドソン」でした。

8カ月と何百本という注射ののち、マグヌスの体調はやっと良くなりました。ボーレとハミルトンは久しぶりにベッドの私の側に移動し、マグヌスは貯金でバイクを買いました。

カリーナ

空っぽの心を埋めてくれる猫

2021年6月16日、夫、アンデシュがホスピスで息を引き取りました。3年にわたる闘病ののち、最終的には癌が制御不能なまでに広がってしまい、重い合併症のモルヒネも効かない痛みと数カ月闘ってのことでした。

猫を飼うと決めてからちょうど1年。空は晴れやかでしたが、心は人生でいちばん悲しい日でした。

彼が突然ペットを飼おうと言い出したのはなぜだろうとずっと考えていました。猫アレルギーだからと猫を飼うのを25年も拒否してきたのに、突然いなくてはならない存在になったのです。アレルギーの起きにくいサイベリアンをほしいと言い出したのは、残りの人生がわずかだということに気づいていたのかもしれません。

アンデシュは本当に、賢い猫のような人でした。どんな時でも家族を優先した彼だから、無意識に家族を増やしたほうがいいと感じたのかもしれません。自分がいなくなったあとにぽっかりと空いた穴。そこに猫がいれば、少し私たちの居心地が良くなるかもしれないと。

そして今、その猫たちが悲しみを癒すのを手伝ってくれています。ミアとマグヌムはベッドのアンデシュの側で寝ています。夫が亡くなったあと、寝室で寝ることを許されたのです。私にはどうしても彼らが必要だったから。

しかし先日の夜中は大変でした。アパート中を駆け回り、命がけで追いかけっこするのですから。スピードを落とさずにカーブを切り、寝るつもりなどさらさらなさそう。私はやっと眠りに落ちたと思ったら、1時間後には起こされました。猫が文字どおり自分の上を飛んでいたのです。ベッドのヘッドボードに上がって、そこからジャンプしたようです。

寝たいのに、どうすれば——私は必死で考えました。そしてカーテンの隙間から差しこむ満月の光に気づきました。1カ月後もやはり同じことが。月が丸いとテンションが上がり、走り回ってエネルギーを発散したくなるようです。私はあきれて笑うしかありませんでした。

暗闇の中にも光を見出しています。毎朝自分が必要とされているのを感じるからです。誰かがエサをやり、トイレ掃除をしなくてはいけないのです。もし猫がいなければ、アンデシュが死んだあと、何日もベッドから出られなかったでしょう。しかし一度立ち上がると、いくらでもクレイジーなことを思いつく猫たちに圧倒されっぱなしの日々です。

　子供たちと猫のおもしろ写真を送り合い、猫とはますます親密になり、週末に猫と離れて旅行に出かけるだけで寂しくてたまりません。一晩中追いかけっこをして、光の当たる窓際で新しい一日が始まるのを愛でる猫――。

おわりに —— 猫という太陽

猫は鏡や光、太陽が大好き。まるで輝きから燃料を補給するかのようです。

あなたの膝に横たわったり、あなたの物の上に座ったりするのは、あたたかい場所が好きなのと、縄張りをマーキングするため。場所は高ければ高いほど好き。大自然の中ではそういうところに隠れたからです。デスクトップのコンピューターよりラップトップやタブレットの上が好きなのもあたたかい場所が好きだから。

太陽の下に寝ころぶと、猫でも人間でも回復を助けてもらえます。私たちも日光からエネルギーを補給し、治癒を早めます。そして猫は人生のバランスをとる達人です。

猫は遊ぶ時、くだらないことでもクレイジーなことでも一心不乱に身を投じます。それで気分が良くなるからやるのです。生まれつきハンターだからなのでしょうが、人間と交流するのが楽しいというのもあるかもしれません。遊びを通してコミュニケーションすることで関係が深まります。遊びが終わると、休憩したい、暗いところに引きこもりたいと知らせてきます。

エサをあげたり、なでたりブラッシングしたり、トイレを掃除したり。猫の世話をする時、私たちは自分自身の健康も気にかけるようになります。

猫がエネルギーを充電するもう1つの場所は暗闇。クローゼットに隠れて寝るというのはよくある手口です。

私たちは夫が重病を患い、その家族として長年辛い思いをしてきました。子供の世話、仕事、日々のあらゆることをこなしつつ、病気の家族にも寄り添わなければなりません。その中で自分自身の健康はたいていいちばん後回し。

私たちはこの本を太陽が降り注ぐマヨルカ島で書いています。毎日海ぞいをパワーウォークして、良い一日のリズムをつくろうとしています。猫なら家の中でいちばん日当たりのいい場所を知っている。太陽発電をするみたいに。研究でも、猫が暖かい場所を好むことがわかっています。あなたの膝にのるのは体温を保つためでもあるのです。猫のように良いリズム、柔軟性や強さを目指しましょう。私たちもある時から運動のペースを上げ、インターバルトレーニングを始めました。それで心と身体にエネルギーが溢れ、これまでは慌ててばかりだったのがペースを落とせるように。執筆に集中するのも楽になり、まさに猫みたい、と驚きました。

テンポとインターバルを自在に変化させつつ、狩り、遊び、眠り、冒険のためのエネルギーを生み出す。まだそのペースがつかめていないなら、猫のように毎日外に出て光を浴び、ウォーキング、ジョギング、筋力トレーニングなどで体力づくりをしてみましょう。

ヨガでもその知恵が太陽礼拝に織りこまれています。1500年前、太陽がなければ生命は存在しないという認識に基づいて、人々は太陽にひれ伏し、敬いました。お辞儀をして朝日を浴びる瞬間が、魂に光とインスピレーションをたっぷり与え、やる気と意欲に満ちた一日を過ごさせてくれます。

猫は私たちのそばにいて癒してくれます。呼吸をし、ゴロゴロのどを鳴らし、仕事ばかりに熱中していてはいけないとリマインドしてくれます。瞑想をするときにはお腹の上にのり、野生こそが美しいことを思い出させます。

猫は譲歩しない、そこが自由で美しい。五感を使い直感を信じることを勧めてくれます。自分の尊厳を絶対に失わないことも。自分の限界を守る大切さも。

そう、猫はすごくクールな動物。いつもエネルギーを与えてくれ、光の中に場所を占めることも教えてくれます。

猫は心のスペースを与えてくれます。そして、私たちの中のもっとも美しいものを引き出してくれるのです。

カリーナ&ウルリカ

謝辞

以下の方々に感謝を捧げる。

アンデシュ、オスカル、ヴィルメル、ミアとマグヌム。

マグヌス、オリヴィア、エドガー、クレア、ボーレ、ブレーキ係のハミルトン。

あなたたちなしではこの本は存在しなかった。


原書の素晴らしいイラストを描いてくれたイェンヌ・スヴェンベリ・ブンネル。

デニス・C・ターナー、サラ・プラット、イエリン・ヒシュ、クリスティン・ヴィターレ、ジョセフィン・ノルマン、ビョルン・ナットヒコ・リンデブラード、エーンシュト・キシュテイゲル、スサンヌ・ガイエ、ラッセ・ハイン他、寛大に猫の知識を授けてくれた方々にも。

〈バザール出版〉のアンデシュ、レベッカ、セシリア他、この本を信じてくれたことに、そしてアン・ポールソンの素晴らしい編集作業に。私たちの本を世界に広めてくれた作家エージェント〈エンベリ・エージェンシー〉のエディットとマリアに。

訳者あとがき —— かけがえのない存在に感謝する日々

私の一日はインスタでフォローしている猫漫画や猫アカウントをチェックすることから始まる。新しい投稿があればそれだけでうきうきした気分になり、朝から驚くほどパワーをもらえる。家の中には本物の猫が3匹いて、12歳の黒猫どろんちゃん、3歳の双子GW（ハチワレ）とBB（キジトラ）だ。3匹とも地元の保護猫ホームからもらい受け、わが家の日常にたくさんの愛とエンドルフィンを振りまいてくれている。その前には保護猫ホームからもらった初代の猫プリンセンがいた。ミルクティー色の毛皮が美しい茶トラの王子様だ。ホームの人からは「この子は臆病で、人間にはあまり寄ってこない性格だから」と説明を受けていたが、うちにやってきたその日からソファで膝にのってきたプリンセン。その夜私がベッドに横になると、静かにやってきて顔を覗き込み、チュッとキスをしてくれた。まるで「家族にしてくれてありがとう」とでも言うように。その日から私たちはずっと一緒だった。当時3歳だった娘の成長、そして駆け出しの翻訳者だった私の成長も9年間見守ってくれた（仕事で徹夜する時も必ずそばにいてくれた）。スウェーデンの、暮れることのない6月の美しい夜に突然逝ってしまった際にはかなりのペットロスを経験したが、その後もらい受けたのが当時3カ月だった双子のGWとBBで——と愛猫の話をしていたらきりがない。どこのお宅でも本が1冊書けてしまうほどエピソードが溢れていると思う。

ならばなぜこの本を買ってわざわざ猫の話を読むのか？（ちなみに日本以外ではスウェーデン、イタリア、フィンランド、エジプト、エストニア、ノルウェー、ポーランド、セルビア、オランダ、トルコ、ベトナムといった猫好き各国で刊行されている）。本書で知り得るのはいかに猫が昔から人間に愛されてきたか、そして最新の研究でも人を癒す力が証明されているという事実、さらには飼い猫との関係が深まるアドバイスも満載されている。猫は80ほどの言葉を理解する、本当はもっと飼い主と交流したいと思っている——そんな学びを得て、私も、今までより積極的に話しかけたり遊んだりしてみたところ、猫たちの態度にすぐに変化が表れた。それまでは人間を呼びに来るのはお腹が空いた時だけだったが、週末の朝遅く起きても、私を連れていく先が餌のボウルではなく、前の日に楽しく遊んだ段ボールと紐になったのだ。

何より感動するのは、著者カリーナとウルリカの辛い時期をいかに猫たちが支えてくれたかだ。カリーナはスウェーデンの出版業界で知らない人はいない有名編集者で、ママ雑誌を立ち上げたり、〈ハーパーコリンズ・ノルディック〉の社長を務めたりと、

2人の息子のママでもありながら見事なキャリアを積んできた女性だ。理想のワークライフバランスを求めて家族で東京からスウェーデンに移住した私にとって、ロールモデルとしてずっと憧れの存在だった。しかし2020年にガンで闘病する夫を支えるため、一線を退くというニュースが流れた。夫が亡くなって3年近く経つ今でも、インスタ（@carinanunstedt）に月命日ごとに愛に溢れた思い出が長文で投稿され、毎回涙なしには読めない。その裏で猫ちゃんたちが支えてくれていたとは――。

もう一人の著者ウルリカは1990年代に北欧にヨガを広め、スウェーデンで初めてヨギラジの称号を授かった人物だ。ヨガや呼吸法についての著書が多数あり、実際に会うとオーラも尋常ではない。そんな彼女が神殿でのリトリートや自宅で家族と過ごす日々の中で感じた、神秘的ですらある猫のパワー。やはりこれからも猫に癒され、パワーをもらいながら生きていこう――猫飼いとしてはそう思わざるをえない。

生きている実感を覚える瞬間、それは猫を膝にのせている時。そのかけがえのない存在に感謝――この本は、改めてそんな気持ちを思い出させてくれる。

久山葉子

2024年猫日

参考文献

本書の参考文献については、下記のリンク内に。

https://www.shinchosha.co.jp/book/507421/#b_othercontents

著者

カリーナ・ヌンシュテッド

大手出版社でライフスタイル雑誌を複数創刊、編集長として数々の書籍の刊行にも関わる。〈ハーパーコリンズ・ノルディック〉の社長を務めた後、夫の闘病を支えるためフリーランスに。現在は作家・翻訳家として活躍。

ウルリカ・ノールベリ

ヨガマスター、作家でジャーナリスト。1990年代にスウェーデンでヨガを広め、世界中で何百人ものインストラクターを養成。スウェーデン初のヨギラジの称号を得る。健康や癒しをテーマにした著書多数。

訳者

久山葉子

翻訳家、エッセイスト。神戸女学院大学文学部卒。スウェーデン大使館商務部勤務を経てスウェーデン在住。訳書に『スマホ脳』『サルと哲学者』『メンタル脳』『最適脳』など多数。著書に『スウェーデンの保育園に待機児童はいない』がある。

にゃんこパワー　科学が教えてくれる猫の癒しの秘密

発　行　2024年6月25日

著　者　カリーナ・ヌンシュテッド
　　　　ウルリカ・ノールベリ
訳　者　久山葉子

発行者　佐藤隆信
発行所　株式会社新潮社
　　　　〒162-8711　東京都新宿区矢来町71
　　　　編集部　(03) 3266-5611
　　　　読者係　(03) 3266-5111
　　　　https://www.shinchosha.co.jp
装　幀　新潮社装幀室
D T P　株式会社明昌堂
印刷所　錦明印刷株式会社
製本所　加藤製本株式会社

ISBN978-4-10-507421-0　C0045